Schwingungen in Natur und Technik

Von Richard E. D. Bishop
Professor am University College London

Nach der zweiten Auflage
aus dem Englischen übersetzt
von Kurt Magnus
Professor an der Technischen Universität München

Mit 95 Bildern und 1 Tafel

B. G. Teubner Stuttgart 1985

Professor Richard E. D. Bishop

Geboren 1925 in London. Nach Kriegsdienst in der Marine (Royal Navy) Studium an den Universitäten London und Stanford. Besitzt Doktortitel der Universitäten Stanford, London und Cambridge. Lehrtätigkeit an den Universitäten Cambridge, MIT und London. Von 1957 bis 1981 im Besitz der „Kennedy"-Professur (Kennedy Professorship) in Maschinenbau am University College London und seit 1981 Rektor der Brunel Universität. Ist Mitglied der Royal Society, Mitglied der Fellowship of Engineering und trägt den Königlichen Orden CBE.

CIP-Kurztitelaufnahme der Deutschen Bibliothek

Bishop, Richard E. D.:
Schwingungen in Natur und Technik / von Richard E. D. Bishop.
Nach d. 2. Aufl. aus d. Engl. übers. von Kurt Magnus. –
Stuttgart: Teubner, 1985
    (Teubner Studienbücher)
    Einheitssacht.: Vibrations ⟨dt.⟩

ISBN-13: 978-3-519-02653-2   e-ISBN-13: 978-3-322-89539-4
DOI: 10.1007/978-3-322-89539-4

Das Werk ist urheberrechtlich geschützt. Die dadurch begründeten Rechte, besonders die der Übersetzung, des Nachdrucks, der Bildentnahme, der Funksendung, der Wiedergabe auf photomechanischem oder ähnlichem Wege, der Speicherung und Auswertung in Datenverarbeitungsanlagen, bleiben, auch bei Verwertung von Teilen des Werkes, dem Verlag vorbehalten.
Bei gewerblichen Zwecken dienender Vervielfältigung ist an den Verlag gemäß § 54 UrhG eine Vergütung zu zahlen, deren Höhe mit dem Verlag zu vereinbaren ist.

© Cambridge University Press 1965, 1979
Titel der Originalausgabe: Vibrations

© 1985 der deutschen Übersetzung B. G. Teubner, Stuttgart

Satz: data comp fotosatz Joachim Kranzbühler, Stuttgart

Umschlaggestaltung: W. Koch, Sindelfingen

Vorwort zur ersten Auflage

> Das Kompliment ist viel zu schön
> Um nur das Gute dran zu seh'n.
> Man muß es sicher so versteh'n:
> Jetzt muß ich an die Arbeit geh'n.
>
> *But though the compliment implied*
> *Inflates me with legitimate pride,*
> *It nevertheless can't be denied*
> *That it has its inconvenient side.*

Einer Einladung zu Weihnachtsvorlesungen an der Royal Institution kann man schwerlich widerstehen. Schließlich handelt es sich dabei nicht um Vorträge, die ein Hochschullehrer mit gewohnter Routine abspulen kann; vielmehr soll hier vor allem bei Jugendlichen und Laien Freude bereitet und Interesse geweckt werden. Deshalb ist es Tradition – dies ist bereits die 133. Vorlesung dieser Art –, daß der Vortrag durch Bilder und Versuche belebt wird.*

Zunächst mußte ein Thema gefunden werden; hier boten sich „Schwingungen" an: mit Schwingungen hat der Ingenieur tagtäglich zu tun, und ein Vortrag darüber kann leicht durch Versuche und Demonstrationen belebt werden. Beim Niederschreiben dessen, was tatsächlich gesagt worden ist, hatte ich allerdings einige Schwierigkeiten. Gedruckte Worte wirken anders als gesprochene, und ein noch so gut gemeintes Beschreiben von Versuchen ist nur ein dürftiger Ersatz für das wirkliche Experiment. So ist es eine Sache, dozierend zu behaupten, daß Hunde Ultraschall hören können; eine andere aber, eben diese Erkenntnis mit Meg, einer beeindruckend lebhaften Bulldogge selbst zu demonstrieren.

Warum also soll man sich die Mühe machen, die Vorträge schriftlich zu fixieren? Hierzu möge man bedenken, daß sich Ingenieure bisher nur selten bemüht haben, anderen hinreichend verständlich zu sagen, was sie eigentlich tun. Der Ingenieur ist zufrieden, wenn die von ihm geschaffenen Maschinen und Geräte funktionieren. Beim Niederschreiben seiner Ergebnisse tut er sich schwer; hier sucht er meist einen vernünftigen Mittelweg einzuhalten, zwischen den Fallstricken

---

* Meine Helfer und ich führten im Verlauf der insgesamt etwa siebeneinhalb Vortragsstunden durchgehend etwa alle zwei Minuten etwas vor.

schlampigen Denkens einerseits und andererseits einer gar zu kompromißlosen Hingabe an wissenschaftliche Strenge, die der Darstellung jede Lebendigkeit nehmen könnte. Mit diesem Büchlein hoffe ich am Beispiel des begrenzten, aber wichtigen Spezialgebiets der Schwingungen zeigen zu können, welche Probleme hier auftreten und gelöst werden müssen.

Bei der Vorbereitung sowohl des Buches wie auch der Vorträge, die ihm zugrunde liegen, hatte ich viele Helfer. Alle diese Freunde haben durch Schreiben, Herstellen von Zeichnungen, Fotografieren, Herstellen und Vorführen von Geräten, durch Leihen von Einrichtungen und Filmen oder auch sonst dazu beigetragen, meine Arbeit zu erleichtern. Ihnen gilt mein Dank.

R. E. D. B.

Vorwort zur zweiten Auflage

Laßt uns mal die Lage peilen:
Obschon sie schwierig und vertrackt,
Mit Ruhe, ohne Übereilen
Wird wohl auch diese Nuß geknackt.

Let us grasp the situation,
Solve the complicated plot
Quiet calm deliberation
Disentangles every knot.

Ein Buch über Schwingungen, das keinerlei Mathematik enthält, das vielmehr von einfachen Versuchen ausgeht, mag – verglichen mit dem umfangreichen vorhandenen Fachschrifttum – kurios erscheinen. Vielleicht ist es dies auch. Dennoch bin ich überzeugt, daß es nicht sinnvoll wäre, die Darstellung zu verwissenschaftlichen. Deshalb wurde der beschreibende Charakter beibehalten.

In der zweiten Auflage sind einige Abschnitte hinzugefügt worden. So wurden die Bewegungen von Schiffen im Seegang behandelt. Damit soll zugleich auch auf eine besondere Art von Problemen hingewiesen werden, die bei Schwingungs-Theoretikern unberücksichtigt bleiben, wenn man sich auf die Untersuchung konservativer Systeme beschränkt. Ein weiterer Abschnitt betrifft Übergangs-Schwingungen und Einschwingvorgänge. An einigen Stellen wurde der Text überarbeitet und aktualisiert.

Alle in dieser Auflage verwendeten Vers-Zitate stammen von dem bedeutenden englischen Naturforscher und Arzt William S. Gilbert (1540-1603).

R. E. D. B.

Vorwort des Übersetzers

> Aus London ein College-Professor
> Preist Schwingungen noch viel bessor.
> Da dacht' ich mir:
> Sei bitte hier
> Dolmetsch und nicht Beckmessor!

Das Bishop-Buch ist einzigartig. An beste englische Traditionen anknüpfend wird hier nicht popularisierend vereinfacht, sondern genau das geboten, wonach heutzutage so oft gerufen wird: eine sehr allgemein verständliche, fachkundige Beschreibung von Schwingungserscheinungen; sie fördert das Verständnis für Physik und Technik – also für die Erklärung von und den Umgang mit Schwingungen. Schade nur, daß der Leser nicht auch die meisterhaft ausgewählten Versuche sehen kann. Gerade sie bildeten wohl das Rückgrat der nun in Buchform vorgelegten „Christmas-Lectures".

„Being mainly for children, they are fun to give" – wollte man diesen Hinweis aus dem Vorwort des Autors wörtlich übersetzen, es gäbe sicher Mißverständnisse; auch ginge jener deutliche Unterton von „understatement" verloren. Ja, ich wage die Behauptung, daß nicht nur Kinder, sondern auch gestandene Schwingungsfachleute hier noch einiges lernen können. Was uns Bishop bietet, ist in seiner vorbildlichen Klarheit besser, als manche Schwingungstheorie, die im prunkenden Formelgewand daherkommt.

Ein Übersetzer, der selbst über Schwingungen geschrieben hat, muß der Versuchung widerstehen, dem Autor die eigene Argumentation unterzuschieben. Das ist hoffentlich gelungen. Bei den Verszitaten war – wenn überhaupt – nur eine sehr freie Übersetzung möglich; hoffentlich wurde der Sinn getroffen. Alle diese Verse – den Limerick dieses Vorworts natürlich ausgenommen – stammen aus Librettos, die W. S. Gilbert zu Opern von A. S. Sullivan geschrieben hat. Im ganzen habe ich mich bemüht, den manchmal salopp-lockeren Stil ins Deutsche herüber zu retten: Wissenschaft darf nicht nur, sie soll sogar gelegentlich Spaß machen.

Der Autor hat mir durch Hinweise und durch Beantworten von Fragen geholfen, der Verlag hat seine Möglichkeiten eingebracht: so sei allen denen gedankt, die dazu beigetragen haben, dieses so bemerkenswerte Stück lebendiger Wissenschaft nun auch für den deutschsprachigen Leserkreis aufzuschließen.

Gauting, Oktober 1981

K. M.

Inhalt

1 **Schwingungen, Freund oder Feind?** 9
  1.1 Schwingungen sind uns vertraut 9
  1.2 Wie hält es der Ingenieur mit Schwingungen? 15
  1.3 Vom Wesen der Schwingungen 22
  1.4 Die Einwirkung von Schwingungen auf den Menschen. 27
  1.5 Die Schwingungsfestigkeit von Metallen 32
  1.6 Schwingungen starrer Körper 36

2 **Freie Schwingungen** 40
  2.1 Das Wesen der freien Schwingungen 40
  2.2 Die Eigenfrequenzen freier Schwingungen 45
  2.3 Eigenformen 50
  2.4 Das Abklingen von Eigenschwingungen 53
  2.5 Freie Schwingungen in der Technik 59
  2.6 Weitergehende Probleme 61

3 **Fremderregte Schwingungen** 65
  3.1 Resonanz 65
  3.2 Wie kann man erzwungene Schwingungen
      unterdrücken? 70
  3.3 Erregung durch periodisches Verschieben 72
  3.4 Querschwingungen von Rotorwellen 76
  3.5 Schwingungen von Teilen eines Systems 80
  3.6 Allgemeine periodische Erregungen 84
  3.7 Zufallsschwingungen 88
  3.8 Schiffe 94

4 **Selbsterregte Schwingungen** 101
  4.1 Ein einfacher Fall von Selbsterregung 102
  4.2 Gekoppelte Flatterschwingungen 105
  4.3 Das Eingrenzen von selbsterregten Schwingungen ... 112
  4.4 Einige in der Praxis vorkommende selbsterregte
      Schwingungen 114
  4.5 Strömungs-selbsterregte Schwingungen 121

5 **Stoßerregung und Wellen** 130
  5.1 Übergangsschwingungen 131
  5.2 Langsame und plötzliche Übergangsschwingungen .. 133

Inhalt

5.3 Freie Spannungswellen 136
5.4 Erzwungene Wellen 140
5.5 Ultraschall-Schwingungen und -Wellen 143
5.6 Erregungen von endlicher Dauer, die weder langsam noch plötzlich sind 148

6 **Spezielle Schwingungsprobleme** 157
6.1 Konstante und veränderliche Kennwerte 157
6.2 Konstante Kennwerte 161
6.3 Festreibung 164
6.4 Das Eingrenzen von selbsterregten Schwingungen ... 166
6.5 Zeitveränderliche Steifigkeit 168
6.6 Abschließende Bemerkungen 173

Sachverzeichnis 175

1 Schwingungen, Freund oder Feind?

Schon ewig wechseln Mond und Tage,
Es dreht das Karussell der Welt.
Wie kommt's, daß nie - so meine Frage -
Ein Montag auf den ander'n fällt?

The moon in her phases is found,
The time and the wind and the weather;
The months in succession come round
And you don't find two Mondays together.

Im Jahre 1807 veröffentlichte der berühmte Dr. Thomas Young seine an der Royal Institution gehaltenen Vorträge. Er beklagte sich darüber, daß zu seiner Zeit Schall- und Schwingungsvorgänge „in schwer verständlicher, ja konfuser Weise, oft nur im Zusammenhang mit Musik, und dann meist als bloße Spielerei abgehandelt wurden". Wir aber sollten unser Thema hier durchaus ernst nehmen. Bevor das jedoch angepackt wird, wollen wir noch aus einer anderen Feststellung Youngs Mut schöpfen: „Viele Erscheinungen bei Schall und Schwingungen sind so beachtenswert und zugleich so unterhaltend, daß die Mühe, sie zu erforschen, reiche Früchte trägt." Vielleicht also sollten wir nun im folgenden die „bloße Spielerei" durchaus genießen.

1.1 Schwingungen sind uns vertraut

Bei einigem Nachdenken werden wir die Ansicht von Thomas Young aus mehreren Gründen verständlich finden. Young war ja nicht nur ein bekannter Physiker, sondern auch erfolgreicher Arzt. Er wird daher wohl an Schwingungen im menschlichen Körper gedacht haben: unser Herz schlägt, die Lungen atmen periodisch, wir zittern, wenn uns kalt ist, manchmal schnarchen wir und tatsächlich können wir nur deshalb hören und sprechen, weil das Trommelfell in den Ohren und die Stimmbänder in der Kehle schwingen. Auch die Lichtwellen, ohne die wir nicht sehen könnten, hängen mit Schwingungen zusammen. Wir gehen, indem wir die Beine schwingen. Ja, wir können nicht einmal das Wort „Schwingungen" aussprechen, ohne daß unsere Zunge vibriert. Und wem diese Beispiele noch nicht ausreichen: sogar die Bausteine unseres Körpers, die Atome, schwingen.

Es mag nun willkürlich erscheinen, Kältezittern und Herzschlag einerseits mit Schwingungen von Lichtwellen und Atomen andererseits in Verbindung zu bringen. Tatsächlich aber ist es gar nicht so leicht, eine Trennungslinie zu ziehen, und manchmal kann man nur schwer entscheiden, wann eine Schwingung vorliegt und wann nicht. Soll man zum Beispiel Ebbe und Flut als Schwingung bezeichnen? Derart allgemeine Überlegungen bringen uns aber nicht recht weiter. Wir wollen deshalb hier einfach feststellen, daß man bei großzügiger Auslegung des Begriffes „Schwingungen" viele Alltagserscheinungen als Schwingung deuten kann, da sie die Eigenschaft haben, sich periodisch zu wiederholen. Eine merkwürdige, eine rhythmisch pendelnde Welt ist es also, in der wir leben.

Man kann ohne Übertreibung feststellen, daß es kaum einen Bereich der Wissenschaft gibt, in dem keine Schwingungen vorkommen. Dennoch können wir diese Dinge hier nicht in ihrer ganzen Breite behandeln. Wir wollen uns vielmehr auf diejenigen Aspekte von Schwingungserscheinungen konzentrieren, mit denen der Ingenieur zu tun hat. Dabei wollen wir uns vorwiegend auf mechanische Schwingungen beschränken und damit so bekannte Dinge wie elektrische Wechselströme oder Temperaturschwankungen in Warmwasserheizungen ausklammern. Dennoch bleibt ein umfangreiches Gebiet übrig, so daß drei zusätzliche Einschränkungen verabredet werden sollen: erstlich wollen wir uns nicht lange mit Begründungen darüber aufhalten, wie man in der Technik eine Schwingungsaufgabe experimentell oder theoretisch angeht. Zweitens wollen wir sekundäre Erscheinungen wie zum Beispiel Schall, Geräusche oder physiologische Aspekte von Schwingungen nicht ausführlicher behandeln. Sie sind zwar interessant und auch technisch bedeutsam, der Rahmen dieses Buches würde jedoch gesprengt, wollte man sie eingehender besprechen. Drittens schließlich sollen viele Einzelheiten und manche Erklärungen übergangen werden. Diese hier erwähnten Einschränkungen lassen sich kaum vermeiden, wenn wir bis zu den von den Forschern als zur Zeit wichtig betrachteten Ergebnissen vorstoßen wollen. Und selbst wenn wir das nicht wollten, es wäre wenig sinnvoll, spezielleren Teilproblemen zuviel Platz einzuräumen.

Man kann der Meinung sein, daß die Beschäftigung mit einer so einfachen Erscheinung die „Schwingungen" nicht viel bringt; letztlich handelt es sich ja um nichts anderes als um eine simple Hin-und-Her-Bewegung. Natürlich kann eine solche Pendelbewegung auch anderen Bewegungen überlagert sein, wie dies etwa beim Flügelschlagen eines fliegenden Vogels der Fall ist. Aber selbst dann könnte man fragen, ob es nicht reichlich stumpfsinnig ist, sich ein so eng begrenztes

1.1 Schwingungen sind uns vertraut

Gebiet vorzunehmen. Diese doch durchaus erlaubte Frage müßte sogar bejaht werden, falls wir die Absicht hätten, nur die Bewegung selbst, nicht aber die Ursachen zu studieren. Wenn nun untersucht werden soll, warum es zu Schwingungen kommt, dann entdecken wir höchst interessante, manchmal sogar überraschende Dinge. Hierzu einige Beispiele: nichts scheint einfacher zu sein, als ein schwingendes Pendel, und wir bilden uns ein, seine Bewegungen mühelos zu verstehen. Ein Kraftwagen rattert, weil er über eine holprige Straße fährt oder weil sein Motor läuft; hier sind die Zusammenhänge schon etwas undurchsichtiger, wenn auch nicht besonders schwierig. Drückt man einen Klingelknopf, dann schnarrt der Klöppel hin und her. Das geschieht auch dann, wenn die Anlage mit Gleichstrom betrieben wird. Offenbar also ist bei nicht gedrücktem Klingelknopf keine pulsierend wirkende Kraft vorhanden, die den Klöppel in Gang setzen könnte. Als besonders interessant registrieren wir demnach die Tatsache, daß eine Schwingung entsteht, obwohl keinerlei periodische Störung von außen auf den Klöppel wirkt. Und wenn man auch vermuten wollte, die elektrische Klingel sei gar nicht so schwer zu verstehen: eine genauere Betrachtung zeigt, daß der Wirkungsmechanismus keineswegs einfach ist.

Wenn auch die genannten Beispiele noch nicht überzeugend sind, das folgende ist es sicher: Bild 1 zeigt eine Aufnahme der großen

Bild 1 Hängebrücke über die Tacoma-Schlucht im Staate Washington. Schon bald nach der Fertigstellung geriet die Brücke durch Wind in heftige Schwingungen und stürzte ein. (Courtesy B. D. Eliott.)

12 1 Schwingungen, Freund oder Feind?

Hängebrücke über die Tacoma-Schlucht im Staate Washington. Diese Brücke wurde durch einen stetig wehenden Wind zum Schwingen gebracht, und es erregte weltweites Aufsehen, daß dadurch die großartige Konstruktion wenige Monate nach der Fertigstellung völlig zerstört wurde. Natürlich hatte man nicht mit solchen Schwingungen gerechnet, und es war zunächst unklar, wie sie entstanden sind. Deshalb wurde dieser Brückeneinsturz sehr sorgfältig untersucht; schließlich wollte kein Brückenbauer das Risiko eingehen, einen so kostspieligen Mißerfolg zu wiederholen.

Nicht alle Schwingungen sind so spektakulär wie im Fall der Tacoma-Brücke, aber es gab noch andere bemerkenswerte Erscheinungen: Bild 2 zeigt ein solches Beispiel. Vor einigen Jahren kamen englische Ingenieure auf die Idee, Öl in großen Nylon-Schläuchen billig über See zu transportieren. Tatsächlich zeigten Versuche, daß damit eine sehr rentable Lösung erreicht werden kann. Das Öl wird in einen lan-

Bild 2 Ein mit Öl gefüllter Nylonschlauch im Zickzackkurs hinter dem Schlepper. (Courtesy Dracone Developments Ltd.)

1.1 Schwingungen sind uns vertraut

gen wurstförmigen Nylonschlauch gepumpt, der dann durch einen Schlepper in Schlauch-Längsrichtung durch das Wasser gezogen wird. Wegen des geringeren spezifischen Gewichtes von Öl schwimmt der Schlauch so im Wasser, daß nur ein kleiner Teil seiner Oberfläche aus dem Wasser ragt. Das klingt alles sehr einfach. Bevor man jedoch das Verfahren erfolgreich einsetzen konnte, waren noch unerwartete, aber höchst interessante technische Aufgaben zu lösen. Eine der interessantesten war ein Schwingungsproblem: wenn nicht besondere Vorkehrungen getroffen waren, führte der Schlauch – auch „Seeschlange" genannt – heftige Schlängelbewegungen aus. Anstatt gefügig hinter dem Schlepper her zu schwimmen, wälzte er sich in wildem Zickzack-Kurs durch das Wasser.

Tacoma-Brücke und Seeschlange könnten als merkwürdige Sonderfälle, fast als Kuriositäten erscheinen. Nun aber soll ein anderer spektakulärer Schadensfall erwähnt werden. Bild 3 zeigt eine Schiffshälfte, das Heckteil des Tankers Pine Ridge, der im Dezember 1960 bei Sturm im westlichen Atlantik auseinanderbrach. Wellen, denen das Schiff im Laufe der Zeit und besonders während des letzten katastrophalen Sturmes widerstehen mußte, führten zu pulsierenden Spannungen im Schiffsrumpf. Ermüdet gab die stählerne Wandung schließlich den ständigen Kampf auf, das Schiff zerbrach. Hier nun sollte man meinen, daß heutzutage eigentlich kein Schiff mehr auf diese Weise verlorengehen dürfte, da doch die Tatsachen so durchsichtig sind. Tatsächlich aber ist die Situation höchst unbefriedigend: es ist nämlich äußerst schwierig, die Spannungen in der Rumpfschale hinreichend genau abzuschätzen. Hinzu kommt noch, daß uns von den Metallforschern noch keineswegs zuverlässig gesagt werden kann, welche Spannungen noch als ungefährlich betrachtet werden können. So bleibt also auch heute noch ein Rest von Unsicherheit bestehen. Während die meisten großen Schiffe im allgemeinen erst nach einer Betriebsdauer von 20 bis 25 Jahren abgewrackt werden müssen, stellen sich bei einigen wenigen Schiffen schon frühzeitig sehr ernste Mängel heraus; ihre Ursachen sind noch nicht völlig erkannt.

Nach dem Gesagten wird man wohl verstehen, daß es zwar interessant aber doch recht schwierig ist, tiefer in das Reich der Schwingungen einzudringen. Auch sollte man nicht vergessen, daß manchmal für die Beherrschung dieses so wichtigen Gebietes ein hoher Einsatz gefordert wird – denn zuweilen geht es dabei um Leben oder Tod.

Bild 3 Heckteil des Dampfers Pine Ridge, der im Dezember 1960 bei Kap Hatteras im westlichen Atlantik in zwei Teile zerbrach.
(Courtesy United Press International [U. K.] Ltd.)

1.2 Wie hält es der Ingenieur mit Schwingungen?

Enorme Summen werden heutzutage ausgegeben, um Schwingungserscheinungen der verschiedenen Art zu untersuchen. Wenn Schwingungen erwünscht sind, dann möchte man lernen, sie zu beherrschen und zu beeinflußen. Häufiger allerdings will man sie beseitigen; dann müssen die Ursachen für das Auftreten von Schwingungen erforscht und Möglichkeiten gesucht werden, sie gar nicht erst entstehen zu lassen. Wir wollen hier kurz berichten, auf welche Punkte der Ingenieur zu achten hat, wenn er herausfinden möchte, ob Schwingungen bei bestimmten Projekten Einfluß haben oder nicht.

Es ist bereits gesagt worden, daß mechanische Bewegungen keineswegs immer nur als lästige Zugabe aufgefaßt werden dürfen; sie können im Gegenteil oft nützlich, manchmal sogar notwendig sein. Ein einleuchtendes Beipiel: stellen wir uns vor, der Ingenieur möchte eine Flasche öffnen, aber der Korken sitzt fest. Was tut er? Wie jeder andere Zeitgenosse verringert er die hemmende Reibungskraft durch Hin- und Her-Drehen des Korkens: ein zweifellos nützlicher Einsatz von Schwingungen!

Auch Waschmaschinen verdanken ihre gute Funktion meist den heftigen Dreh-Pendelungen der Trommel. In anderen Maschinen werden verschiedene Stoffe durch mechanische Rüttler gemischt oder verrührt. Zahnärzte stellen Amalgam in speziellen Schüttelgeräten her. Andererseits aber kann man Schwingungen auch zum Entmischen von Stoffen einsetzen: Schwingsiebe und Sortiermaschinen erledigen das. Frisch angerührter Beton fließt leicht auch in entlegene Winkel von Verschalungen, wenn er nach dem Eingießen durch eine Rüttel-Sonde in Schwingungen versetzt wird. Das ist ein im Bauwesen durchaus übliches Verfahren.

Manche der nützlichen Schwingungen werden von außen angeregt. So kann man Korn dadurch transportieren, daß man es auf einer vibrierenden Förderrinne hüpfen läßt. Beispiele von Schwingern, die nicht von außen angeregt werden, sind die Uhr oder der Metronom. Auch der Arzt macht sich Schwingungen zunutze: es gibt Geräte, mit denen sich unerwünschte Schwellungen und Fettpolster wegmassieren lassen. Und da sich schnelle, hochfrequente Schwingungen vielseitig, mit zum Teil überraschendem Erfolg einsetzen lassen, könnte beispielsweise ein Zahnarzt – wenn er dies wollte – nicht nur runde, sondern auch drei- oder viereckige Löcher in die Zähne bohren.

Nun zu den unerwünschten Schwingungserscheinungen: hier müssen wir zunächst feststellen, daß es schon im menschlichen Körper mancherlei Schwierigkeiten gibt und daß sich die Ingenieure redlich

1 Schwingungen, Freund oder Feind?

bemühen, sie zu überwinden. Diese Bemühungen reichen von der Herstellung künstlicher Herzklappen bis zur Bekämpfung der Seekrankheit durch den Einbau von Schlingerdämpfern in Schiffe. Im Laufe der letzten Jahre hat man sich – gewissermaßen als Zugeständnis an nicht so ernste menschliche Schwächen – ganz besonders für die naturgetreue Wiedergabe von Musik interessiert. Ständig werden bessere Aufzeichnungs- und Wiedergabe-Geräte geschaffen. Aber das ist nur ein kleiner Teilbereich des noch viel größeren Anwendungsgebietes von Schwingungen: der Nachrichtentechnik. Sie lebt von Schwingungen.

Manchmal stören Schwingungen die normale Funktion von Geräten und Maschinen. Man denke etwa an den Kraftwagen: bei manchen Motordrehzahlen gerät der Rückspiegel so stark ins Schwingen, daß das Spiegelbild völlig verschwimmt. In Flugzeugen oder Raketen können Störungen dieser Art so stark werden, daß man empfindliche elektronische Geräte auf spezielle Schwingungsabsorber setzt, um sie so vor der vibrierenden Umgebung zu schützen. Ferner: der beste Dreher kann auf seiner Drehbank kein genaues Werkstück herstellen, wenn der Schneidstahl zu zittern beginnt. Zweifellos ließen sich noch weitere Beispiele anführen.

Eine Schraubenmutter auf pulsierend belastetem Gewindebolzen kann sich lockern. Das läßt sich auch durch einfache Versuche zeigen: auch fest angezogene Schraubenverbindungen können – manchmal sogar innerhalb weniger Sekunden – gelöst werden. Um das zu verhindern, werden an besonders wichtigen Stellen, etwa an Lagerschalen, Schlitz- oder Kronen-Muttern (Bild 4a und 4b) verwendet; sie können zusätzlich durch das Einsetzen von Splinten gesichert werden. Es gibt mehrere Arten von rüttelfesten Muttern; in Bild 4c ist eine weitere Ausführungsform zu sehen. Ein anderes Beispiel sind die Wanten-Spannvorrichtungen in der Takelage von Segelschiffen. Auch sie müssen irgendwie gesichert werden. Das geschieht meist durch ein Festzurren, bei dem ein spezieller Haltedraht so angesetzt

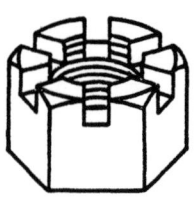 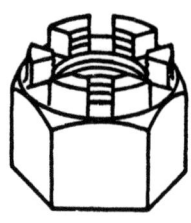 

Bild 4a) b) c)

1.2 Wie hält es der Ingenieur mit Schwingungen?

wird, daß er bei jeder Bewegung, die zur Lockerung der Verbindung führen würde, gespannt wird. Auf Schiffen haben Maschinist und Bootsmann stets darauf zu achten, daß sich kein Maschinenlager lokkert oder das Tauwerk der Takelage nachgibt; beides könnte ernste Folgen haben.

Viele Geräte arbeiten nur dann einwandfrei, wenn ihre Teile genau definierte Formen haben und behalten. So ist es für Zahnradgetriebe entscheidend wichtig, daß die Zahnprofile stimmen. Durch Schwingungen aber kann der Verschleiß dieser wichtigen Teile so beschleunigt werden, daß der Wirkungsgrad sinkt oder gar die eigentliche Funktion gestört wird. So etwas ist bei Hochgeschwindigkeits-Kameras aufgetreten: wenn der Rotationsverschluß zu schwingen anfängt, dann werden die Zähne des Verschlußgetriebes so unbarmherzig abgeschliffen, daß die Verschlußzeiten nicht mehr genau genug eingehalten werden. Es gibt da einen Teufelskreis: Schwingungen nutzen die Zähne ab, und schon kleine Abweichungen von der Soll-Form der Getriebezähne regen selbst wieder neue Schwingungen an.

Schwingungen von Bauteilen sind stets auch mit pulsierenden Spannungen verknüpft; das kann bei heftigen Bewegungen sogar bis zum Bruch führen. So war es bei der Tacoma-Brücke (Bild 1). Man kann diesen Effekt demonstrieren, indem man sprödes Material in starke Schwingungen versetzt. Ein Glasrohr läßt sich leicht zu longitudinalen, d.h. in der Längsrichtung erfolgenden Schwingungen anregen, wenn man mit einem feuchten Lappen hinreichend kräftig in Längsrichtung reibt. Die entstehenden Schwingungen können das Rohr zerbrechen.

Wenn es auch betrüblich ist, ein Bauteil unter dem Einfluß heftiger Schwingungen brechen zu sehen, verstehen läßt es sich jedenfalls. Leider sind Schwingungsbrüche nicht die einzigen Schäden, die auf das Konto der Schwingungen gehen. Höchst schädlich ist vor allem auch die Materialermüdung, die bei Metallen, bei faserverstärkten Werkstoffen und anderen Baustoffen entsteht. Solche Schäden machen sich meist ebenso unerwartet wie drastisch bemerkbar und wirken ausgesprochen heimtückisch, da es oft keinerlei Vorwarnung gibt. Ein Bauteil, das auch unter Schwingungen lange Zeit normal arbeitete, zerspringt dann plötzlich ohne sofort erkennbaren Grund. Man hat solche Fälle sorgfältig untersucht, aber die eigentlichen Ursachen dafür sind noch nicht völlig aufgedeckt worden.

Übrigens läßt sich das Versagen von Metallteilen leicht dadurch demonstrieren, daß man einen Metallstreifen erst in der einen, dann in der anderen Richtung verbiegt. Mehrere solcher Beanspruchungen hält der Streifen meist aus – aber er bricht, wenn sie andauern.

1 Schwingungen, Freund oder Feind?

Ermüdungsbrüche sind stets mit örtlich konzentrierten hohen Spannungen verbunden. Es ist erstaunlich, daß sich diese Spannungsspitzen anscheinend nicht vermeiden lassen. Ermüdung kann zum Beispiel in Kugellagern ausgelöst werden, wenn die Lagerschalen durch eine Reihe stark belasteter Kugeln überrollt werden; für jede der Kugeln schwellen die Spannungen an und wieder ab, so daß auch hier ein Schwingungsproblem vorliegt.

An Drehbänken oder an anderen Werkzeugmaschinen muß man Schwingungen vor allem reduzieren, damit Ermüdungserscheinungen vermieden werden; erst in zweiter Linie spielt hier die Genauigkeit der Fertigung eine Rolle. Wenn man auch mit modernen Schneidstählen Metalle schnell und wirksam verspanen kann, so darf doch nicht vergessen werden, daß letztlich die Härte und Verschleißfestigkeit der Stähle nur auf Kosten der Ermüdungsfestigkeit erhöht werden konnte.

In Bild 5 sind Beispiele für Ermüdungsbrüche gezeigt: a) gibt eine Welle wieder, die bei Torsions-Schwingungen gebrochen ist, b) zeigt die zerbrochene Ventilfeder eines Motors und c) eine gebrochene Kurbelwelle. In allen drei Fällen sind die Brüche durch Schwingungen verursacht worden. Sieht man sich die Bruchstellen genau an, so

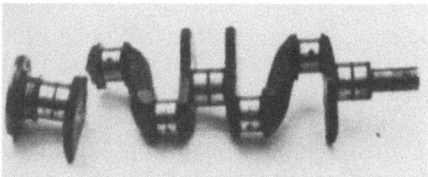

Bild 5
Beispiele von Ermüdungsbrüchen:
a) eine Welle von 5 cm Durchmesser, die durch überlagerte Torsionsschwingungen gebrochen ist;
b) Ventilfeder und
c) Kurbelwelle eines Kraftwagenmotors.

1.2 Wie hält es der Ingenieur mit Schwingungen?

findet man, daß das Metall dort stets ein charakteristisches körniges Gefüge hat. Aus Bild 5a kann man außerdem erkennen, daß der Ermüdungsbruch von Stellen ausgeht, an denen Spannungsspitzen auftreten, nämlich von der Kante einer Längsnut in der Welle. Die in Bild 5 gezeigten Teile sind sämtlich schnell und sauber durchgebrochen. Das ist meistens bei Ermüdungsbrüchen der Fall, und gerade deshalb haben sie oft so verheerende Auswirkungen. Bild 6a zeigt den mit Schaufeln versehenen Rotor eines achsial durchströmten Luft-Verdichters für eine Strahlturbine; sie rotiert im Betrieb mit etwa 10 000 Umdrehungen in der Minute. Wenn auch nur eine Schaufel des Rotors, durch die strömende Luft zu Schwingungen angeregt, brechen sollte, dann werden die Bruchstücke herumgeschleudert und sicheln ratternd auch die anderen Schaufeln ab. Bild 6b zeigt das Ergebnis solchen Versagens: Schaufelsalat! Man erkennt daraus wie wichtig es ist, die Schaufelschwingungen in Gasturbinen zu vermeiden.

Auch andere Schwingungen können ernste, ja dramatische Auswirkungen haben, auch wenn das vielfach nicht so bekannt ist. So waren vor dem Zweiten Weltkrieg gebrochene Kurbelwellen durchaus nichts Ungewöhnliches. Heute dagegen sind sie selten geworden, zumindest bei Kraftwagen, die weniger als 200 000 Kilometer gelaufen

Bild 6 Rotor der Verdichterstufe eines Luftfahrt-Strahltriebwerks, a) Rotor vor der Montage, b) Rotor mit Schaufelschaden nach Ermüdungsbruch.

sind. Dieses Problem kann als gelöst angesehen werden. Auch die bei Kompressorschaufeln aufgetretenen Schwierigkeiten sind inzwischen soweit erforscht, daß man durch geeignete Abhilfemaßnahmen so katastrophale Zerstörungen, wie sie Bild 6b zeigt, vermeiden kann. Aber neue Ideen beim Entwurf von Maschinen, gleichgültig, ob es sich um völlige Neu-Entwicklungen oder um Veränderungen schon vorhandener Konstruktionen handelt, können stets auch neuen Kummer durch Schwingungen bringen. Wenn diese Schwingungen ihrem Typ nach bekannt sind, dann lassen sie sich irgendwie beherrschen. Die Sicherheit einer Konstruktion ist im allgemeinen nur dann in Frage gestellt, wenn Schäden durch zuvor unbekannte Arten von Schwingungen entstehen. Bei der Tacoma-Brücke war das der Fall.

Manchmal, allerdings selten, wird eine neue gefährliche Art von Schwingungen entdeckt, noch bevor sie beobachtet werden kann. So geschah es bei Schwingungen von Turm-Bojen. Diese Turm-Bojen sehen in ihrer einfachsten Form wie riesige Bleistifte aus, die am Meeresboden durch ein frei drehbares Gelenk gehalten werden (Bild 7). An der Bleistiftstruktur wird eine vom Meeresboden kommende Rohrleitung umgelenkt und hochgeführt. Durch das Rohr wird Rohöl gepumpt; es fließt in Tanker aus, die am Kopf der Boje anlegen. Bei der Berechnung derartiger Turm-Bojen hat man herausgefunden, daß der Turmschaft durch den Seegang bei bestimmten Wetterlagen zu gefährlichen Biegeschwingungen angeregt werden kann.

Zum Unterschied gegenüber theoretischen Vorhersagen hat man bei einigen wichtigen Schadensfällen seit langem durch Erfahrung festgestellt, daß sie durch Schwingungen verursacht werden. Dennoch konnten sie nicht theoretisch analysiert werden, da sich die Zusammenhänge als zu kompliziert herausstellten. So hatte man bereits um 1920 klar erkannt, daß Schiffe als elastische Konstruktionen im Seegang verformt werden. Deshalb sind dringend zuverlässige Regeln für den Entwurf von Schiffsrümpfen erforderlich; jedoch fehlten dafür bisher die Grundlagen. Inzwischen wurden erhebliche Fortschritte auf den Gebieten der Schalentheorie, der Strömungslehre, der Statistik, in Ozeanographie und Rechentechnik gemacht, so daß die bisher verwendeten Faustformeln durch eine jetzt mögliche und wesentlich wirksamere Schwingungsanalyse ersetzt werden können.

Verformungen von Turm-Bojen und Schiffen kann man noch als Spezialfälle ansehen, die natürlich von den einschlägigen Fachleuten und Forschern diskutiert werden müssen. Tatsächlich jedoch dürfte es nur wenige Industriezweige geben, bei denen Schwingungsprobleme nicht die notwendige Beachtung finden. Die führenden Ingenieure

1.2 Wie hält es der Ingenieur mit Schwingungen? 21

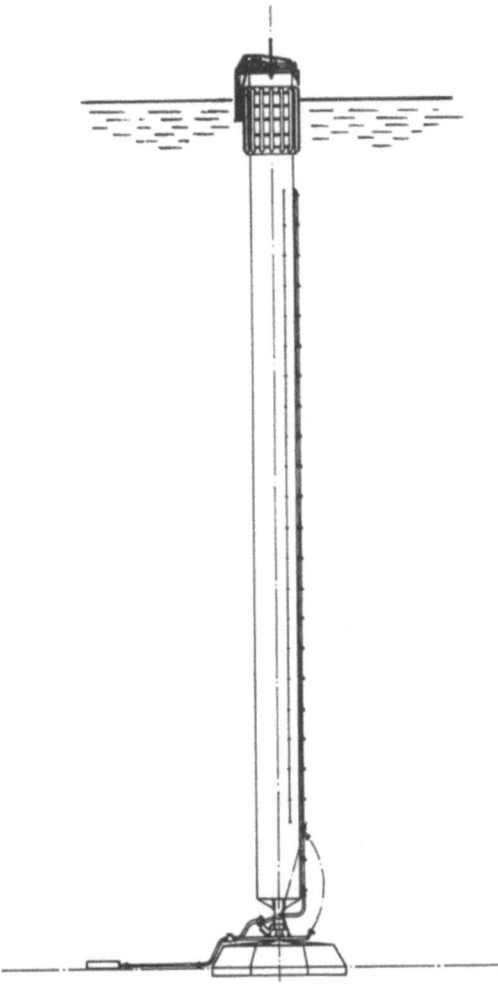

Bild 7

sind in hohem Grade schwingungsbewußt, so daß ernsthafte Versager oder Brüche viel seltener auftreten, als dies früher der Fall gewesen ist. Das aber wurde nur durch ständiges und kostspieliges Forschen und Weiterentwickeln erreicht. Einige Firmen haben sogar herausgefunden, daß es sich lohnt, besondere Arbeitsgruppen zur Überwachung aller auftretenden Schwingungsfälle einzusetzen. Dadurch lassen sich Schadensfälle vermeiden. Diesen Weg hat man zum Beispiel im Schiffbau beschritten, um unter anderem die schwer zu bändigenden Schwingungen in der Antriebsanlage in den Griff zu bekommen. Dennoch: Ermüdungsbrüche sind auch heutzutage keine Seltenheit. Bei Maschinenteilen, deren Bruch keine schweren Folgen hat, kommen sie einfach deshalb noch immer vor, weil die Kosten, sie zu verhindern – oder auch einen besseren Konstrukteur zu bezahlen – zu hoch sind. Jede Reparaturwerkstätte liefert übrigens hierzu reichlich Anschauungsmaterial.

1.3 Vom Wesen der Schwingungen

Vielleicht ist es langweilig hier auseinanderzusetzen, was eine Schwingung eigentlich ist. Deshalb wollen wir dieses Thema rasch abhandeln und nur darauf hinweisen, daß eine Schwingung im wesentlichen als Hin- und Her-Bewegung aufgefaßt werden kann.

In Bild 8 ist ein Elektrokardiogramm gezeigt, das den zeitlichen Verlauf des Pulsschlages wiedergibt. Das Diagramm sieht merkwürdig aus, aber die Kurvenform wiederholt sich regelmäßig nach etwa 0,78 Sekunden. Die Pulsperiode ist also 0,78 s. Ein Ingenieur würde diesen Sachverhalt aber anders beschreiben: da in jeder Sekunde 1/0,78 = 1,28 Perioden oder Zyklen ablaufen, hat die Schwingung eine „Frequenz" von 1,28 1/s. Manche sagen auch, die Frequenz betrage 1,28 „Hertz", abgekürzt „Hz". Diese nach dem Physiker Heinrich Hertz benannte Einheit sagt zwar weniger aus, als das anschauliche „Perioden je Sekunde (1/s)"; da sie sich aber eingebürgert hat, wollen auch wir sie künftig hier verwenden.

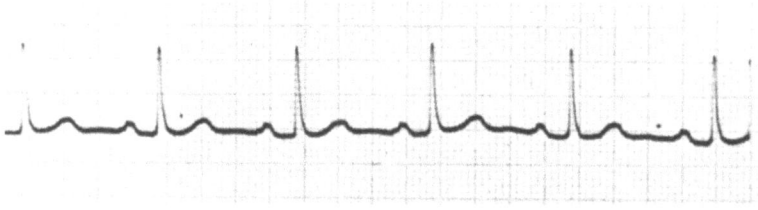

Bild 8

Die Kurve von Bild 8 soll nun mit der experimentell gewonnenen von Bild 9 verglichen werden. Dort wurde die Bewegung eines Punktes von einem elektrisch in Schwingungen versetzten Holzbalken aufgezeichnet. Beide Kurven haben sehr verschiedene Wellenformen. Jedoch läßt sich zeigen, daß jede regelmäßig sich wiederholende Kur-

1.3 Vom Wesen der Schwingungen

ve, etwa die von Bild 8, durch eine geeignete Kombination von Sinus-Kurven nachgebildet werden kann. Die Kurve von Bild 9 ist fast sinusförmig. Um Sinuskurven, die besonders wichtig sind, beschreiben zu können, benötigen wir die folgenden Begriffe: die größte Abweichung von der Mittellinie nennen wir „Amplitude"; die Wiederholungszeit wird „Schwingungszeit" oder einfach „Periode„ genannt (Bild 9). Ihr Kehrwert ist die schon bekannte „Frequenz".

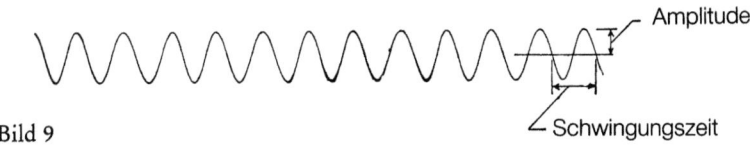

Bild 9

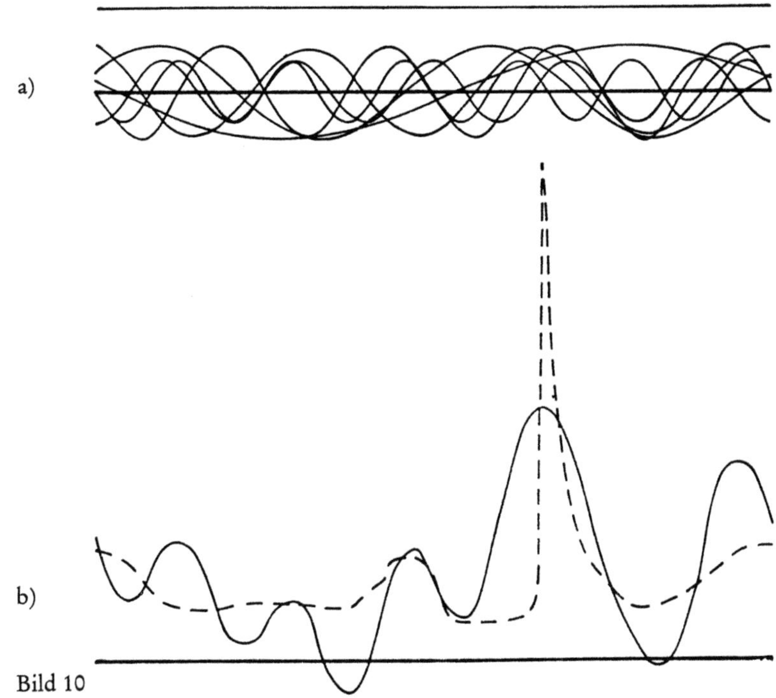

Am Beispiel der Pulsbewegung von Bild 8 wollen wir nun zeigen, wie die Kurve nachgebildet werden kann: wenn man die sechs Sinuskurven von Bild 10a, von denen jede ihre eigene Amplitude und Periode hat, überlagert – also die momentanen Ausschläge für jeden Zeitpunkt addiert –, dann folgt daraus die recht komplizierte Kurve von Bild 10 b. Nimmt man nun mehr und mehr Teilschwingungen oder „Komponenten", dann könnte man auf diese Weise die in Bild 10b gestrichelt eingezeichnete Pulskurve immer besser nachbilden. In unserem Beispiel wären dazu freilich viele Komponenten notwendig. Die Aufgabe, zu einer gegebenen, sich regelmäßig wiederholenden Kurve die sinusförmigen Komponenten zu bestimmen, bezeichnet man als „Harmonische Analyse". Sie ist von großem technischen Interesse, weil man aus den Komponenten oft mehr Informationen gewinnen kann als aus der komplizierten Ausgangskurve. Die Harmonische Analyse kann heutzutage mit elektronischen Analysatoren routinemäßig durchgeführt werden.

Ein anderes Beispiel für eine Harmonische Analyse ist in Bild 11 gezeigt: es ist wichtiger und zugleich einfacher als die Pulskurve. Das Diagramm von 11a zeigt eine Rechteck-Schwingung (Mäanderkurve), und 11b gibt die ersten drei der zugehörigen Komponenten wie-

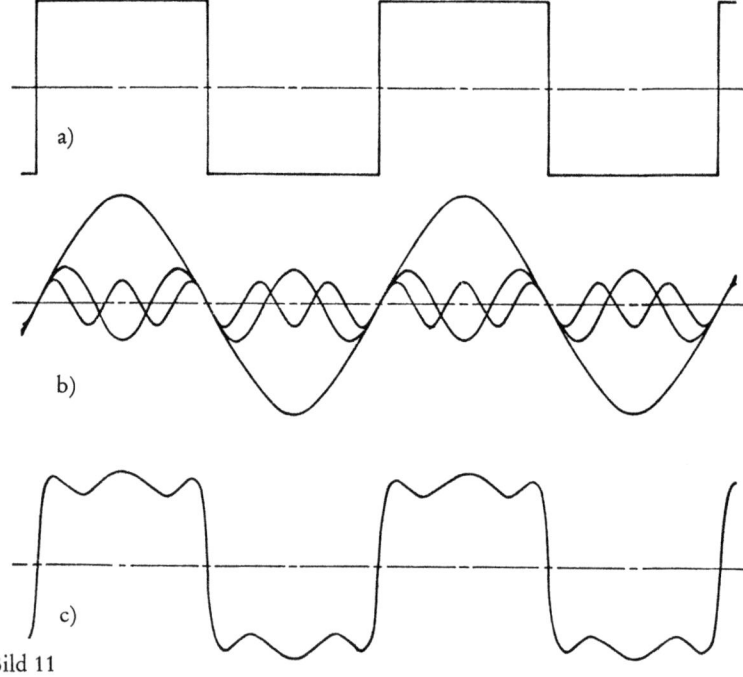

Bild 11

1.3 Vom Wesen der Schwingungen

der. Bei Addition dieser drei Komponenten erhält man bereits eine recht brauchbare Annäherung (11c) an die ursprüngliche Rechteckkurve.

Die Harmonische Analyse bringt uns auf den Gedanken, Schwingungs-Eigenschaften und -Erscheinungen allgemein mit Hilfe von Sinus-Schwingungen zu beschreiben. Davon werden wir im folgenden weitgehend Gebrauch machen. Wenn es nötig ist, können kompliziertere Schwingungsformen dann aus Sinus-Schwingungen zusammengesetzt werden.

Wir brauchen hier nicht auf die genauen Eigenschaften von Sinuskurven einzugehen, weil man das in Lehrbüchern nachlesen kann. Für unsere Zwecke sollten wir aber im Gedächtnis behalten, daß man mit diesen so sympathisch sanft aussehenden Kurven kompliziertere Schwingungsformen zusammensetzen kann.

Mit dem Wort „Schwingungen" verbindet man üblicherweise die Vorstellung von einer periodisch schwankenden, fluktuierenden Bewegung oder Verschiebung. Wenn wir aber die Ursachen von Schwingungen verstehen wollen, dann müssen wir uns auch mit fluktuierenden Kräften vertraut machen. Alles bisher von Verschiebungskurven Gesagte läßt sich dann sinngemäß auch auf Kurven für Kräfte, Druck, Volumen oder ähnliches übertragen. So können wir beispielsweise von Amplitude und Frequenz einer periodischen Druckschwankung sprechen.

In Bild 12 sind zwei Kurven dargestellt, die zu verschiedenen Vorgängen gehören, so daß wir der Versuchung, sie zu addieren, nicht nachgeben dürfen. Tatsächlich gibt 12a den zeitlichen Verlauf des Drucks in der Lunge und 12b das dabei eingeatmete Luftvolumen

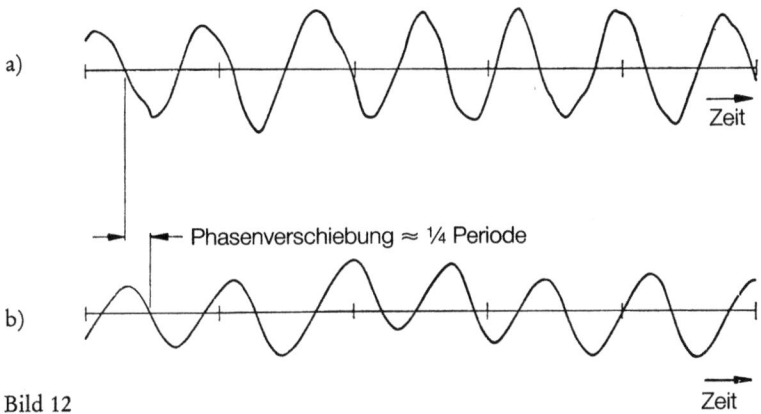

Bild 12

wieder. Natürlich haben beide Kurven dieselbe Frequenz, da die durch sie dargestellten Vorgänge zusammenhängen; diese Frequenz ist etwa 0,13 Hz.

Die Kurven 12a und 12b sind in horizontaler Richtung gegeneinander verschoben: das nennt man „Phasen-Verschiebung". Und obwohl diese Phasen-Verschiebung durch eine Strecke auf der Zeitskala angegeben werden kann, ist es günstiger, dieses Intervall auf die dazu gehörende Schwingungszeit zu beziehen. Deshalb können wir sagen, daß die Kurve 12b etwa um ein Viertel der Schwingungszeit gegenüber der Kurve 12a nachhinkt.

Manchmal kommt gerade den Phasenverschiebungen eine entscheidende Bedeutung zu. So funktioniert zum Beispiel die schon erwähnte elektrische Klingel nur deshalb, weil zwischen der vom Elektromagneten auf den Klöppel ausgeübten Kraft und der Klöppelbewegung eine Phasenverschiebung vorhanden ist. Das wird bei populären Erklärungen der Klingel oft nicht beachtet.

Die in Bild 5c gezeigte Kurbelwelle ist gebrochen, weil sie während der Rotation zusätzlich noch in sich periodisch tordiert wurde. Diese der Drehung überlagerte Torsionsschwingung wird durch den Druck der Verbrennungsgase in den Zylindern sowie durch die entsprechenden Bewegungen von Kolben und Pleuelstangen angeregt. Auch heute noch lassen sich Torsionsschwingungen von Kurbelwellen nicht ganz vermeiden; aber ihre Auswirkungen werden klein gehalten, da durch theoretische Überlegungen Wege aufzeigt werden konnten, die Schwingungen zu begrenzen. Natürlich muß bei solchen Berechnungen berücksichtigt werden, daß die verschiedenen Kolben eines Motors nicht im Gleichschritt arbeiten; ihre Bewegung relativ zueinander wird durch die Winkelversetzungen der Kurbelwellen-Kröpfungen bestimmt. Dadurch aber entstehen Phasen-Verschiebungen zwischen den einzelnen auf die Welle ausgeübten Torsionskräften.

In Bild 13a sind zwei Sinusschwingungen mit gleicher Amplitude aber etwas verschiedenen Frequenzen aufgezeichnet. Wenn wir annehmen, daß es sich dabei um Komponenten ein und desselben physikalischen Vorgangs handelt, dann muß man sie addieren, um den Gesamtverlauf zu erhalten. Das Ergebnis zeigt Bild 13b: hier nun tritt eine Erscheinung auf, die als „Schwebung" bezeichnet wird. Der Abstand zwischen den Punkten A und B auf der Zeitachse gibt gerade die Zeit an, in der die schnellere der beiden Ausgangs-Schwingungen eine Vollschwingung mehr ausgeführt hat als die langsamere. Je geringer nun der Unterschied in den Frequenzen beider Schwingungen ist, um so größer wird die Schwebungszeit, also das zur Strecke AB gehörende Zeitintervall. Dieser Sachverhalt läßt sich ausnützen, um

1.4 Die Einwirkung von Schwingungen auf den Menschen

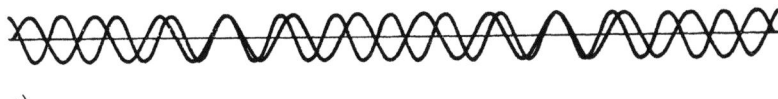

a)

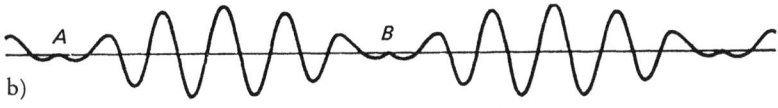

b)

Bild 13

Frequenzunterschiede sehr genau zu messen. Genaugehende Uhren werden mit Hilfe von Schwebungen justiert, die durch intermittierendes, „stroboskopisches" Beleuchten der schwingenden Uhrenteile erzeugt werden.

Auch im Kräfteverlauf können Schwebungen auftreten. Ein Beispiel gibt die in Bild 14 gezeigte, experimentell aufgenommene Kurve. Dabei wurden die Schwankungen der Vertikalkraft registriert, die auf einen Zylinder mit horizontaler Achse wirken; der Zylinder wurde in der Vertikalebene periodisch auf und ab bewegt und dabei senkrecht zu seiner Achse horizontal angeströmt. Aus der Tatsache, daß eine Schwebung entsteht, kann man schließen, daß im Kraftverlauf

Bild 14

zwei Komponenten mit annähernd gleicher Frequenz vorhanden sind. Im Versuch mußte hierzu für die Auf- und Ab-Bewegung etwa dieselbe Frequenz eingestellt werden, die bei den im Nachstrom hinter dem ruhenden Zylinder sich periodisch ablösenden Wirbeln beobachtet werden kann. Wir werden übrigens später noch sehen, daß ein in strömendes Wasser gehängter Körper manchmal eine Kielwasserströmung erzeugt, die wie ein Fischschwanz hin und her pendelt.

1.4 Die Einwirkung von Schwingungen auf den Menschen

Bevor wir uns näher mit dem Wesen der Schwingungen und den dabei auftretenden Fragen beschäftigen, soll zunächst von der Widerstandsfähigkeit von Körpern gegenüber Schwingungen gesprochen werden. Dabei interessieren vor allem zwei Arten von Körpern, die häufig irgendwelchen Schwingungen ausgesetzt sind und manchmal auch vor ihnen geschützt werden müssen: der menschliche Körper und Metalle. Die hier aufgeworfene Frage betrifft jedoch einen so weiten Bereich, daß wir uns mit einem flüchtigen Einblick begnügen müssen.

Beginnen wir mit dem menschlichen Körper: hier ist zunächst klar, daß der Mensch große Verschiebungen aushalten kann, sofern sie nur hinreichend langsam erfolgen. Fährt man etwa in einem Fahrstuhl längere Zeit auf und ab, dann ist das zwar langweilig, keineswegs aber schmerzhaft. Schwingungsamplituden allein sind also kein Problem. Aus Erfahrung weiß man jedoch, daß die Sache ernster wird, sobald die Frequenz ansteigt. Das ist jedem vertraut, der leicht seekrank wird.

Auf einem Ozeandampfer in rauher See empfinden die Erster-Klasse-Passagiere vielleicht ein gewisses Unbehagen, wenn ihre in der Mitte des Schiffs befindlichen Kabinen auf und ab schaukeln. Auch die Passagiere der Touristenklasse werden mit derselben Frequenz geschaukelt. Da aber ihre Kabinen mehr in Bug oder Heck liegen, sind die Schaukel-Amplituden größer. Die Folge: das Reisen in der Touristenklasse ist weniger angenehm. Im allgemeinen bevorzugt der Mensch bei Schwingungen gegebener Frequenz die mit kleinerer Amplitude – und folglich bei Schiffsreisen die erste Klasse.

In der Oper „H. M. S. Pinafore" begegnen wir einem Ersten Lord der Admiralität, Sir Joseph Porter, K. C. B. Zweifellos reist er erster Klasse – zusammen mit seinen „Schwestern, Tanten und Cousinen", die ihn kaum einen Schritt allein gehen lassen. Für einen Mann seiner Position weiß Sir Joseph freilich bemerkenswert wenig über die Seekrankheit. So läßt er uns seine völlige Zufriedenheit wissen, als sein Schiff einmal auf Reede vor Anker vor sich hin dümpelt. Er tönt:

„Und weh'n die Winde munter
Dann steige ich hinunter,
Genieße ganz die Stille der Kabinen",

und sein Begleiterschwarm vollendet:

„Und so tun's Schwestern, Tanten und Cousinen."

Sollte Sir Joseph tatsächlich nicht wissen, daß frische Luft das beste Mittel gegen das flaue Gefühl der Seekrankheit ist, während umgekehrt stickige Luft in den Kabinen eine vorhandene Übelkeit sehr rasch bis zum Erbrechen steigern kann? Hieraus mag man einen wichtigen Aspekt erkennen, der bei der Beurteilung der Verträglichkeit

1.4 Die Einwirkung von Schwingungen auf den Menschen

großer, langsamer Schwingungen beachtet werden muß: die Neigung zu Übelkeit hängt weitgehend auch von der Umgebung, also von Luft und Wetter ab. Wie aber wirken sich Schwingungen mit kleiner Amplitude aus? Eine summarische Übersicht hierzu gibt Bild 15. Die dargestellten Kurven beziehen sich auf vertikale Bewegungen des ganzen Körpers; sie haben sich bei der Beurteilung des Komforts in Fahrzeugen als

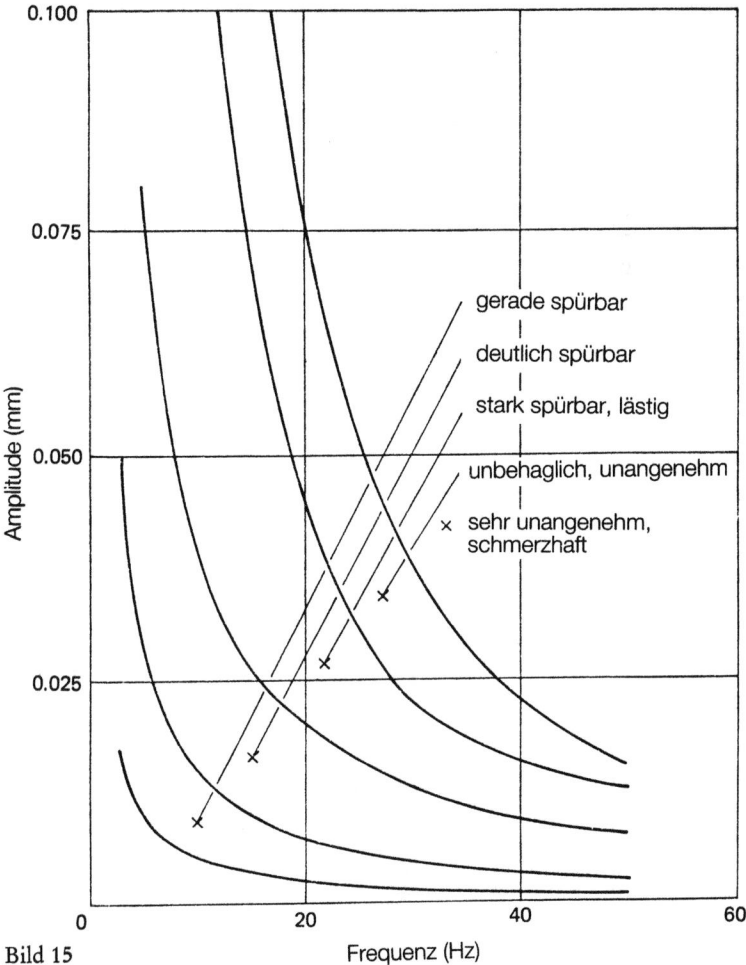

Bild 15

sehr nützlich erwiesen. Natürlich handelt es sich hier um Näherungen, die nicht alle Aspekte erfassen können. Es gibt nämlich einerseits bemerkenswerte Unterschiede zwischen verschiedenen Versuchspersonen, andererseits hängt die Empfindlichkeit von der Stellung der Versuchsperson im Raum sowie von der Art ab, wie die Schwingungen übertragen werden. Schließlich sind gelegentlich auch psychologische Faktoren zu berücksichtigen.

Nach den Kurven von Bild 15 könnte man vermuten, daß der menschliche Körper bei vorgegebener Amplitude immer die Schwingungen mit der kleineren Frequenz bevorzugt. Das stimmt aber nicht: es gibt vielmehr ausgesprochen „schlechte Frequenzen", die jedoch für verschiedene Versuchspersonen unterschiedlich sein können. So reagiert der Mensch sehr heftig auf Frequenzen um 5 Hz, wenn er damit zum Beispiel auf einem Stuhl auf und ab bewegt wird. Bei genauerer Beobachtung stellt man fest, daß bei dieser Frequenz das Auf und Ab des ganzen Körpers von heftigen Vertikalbewegungen des Schultergürtels begleitet wird. Wir werden diese „schlechten Frequenzen" später noch besser verstehen lernen. Hier soll nur kurz darauf hingewiesen werden, daß bei diesem Effekt der teilweise geringe Widerstand einzelner Körperteile gegen Verschiebungen eine Rolle spielt.

Flugzeug- und Fahrzeugbauer haben diese Zusammenhänge seit jeher beachtet. Es hätte ja auch wenig Sinn, ein teures Flugzeug zu bauen, das von den Fluggästen dann als unerträglich zitternd empfunden wird. Hier ist durch das Zusammenarbeiten von Ingenieuren, Physiologen und Psychologen manche nützliche Erkenntnis erarbeitet worden, die nun in der technischen Praxis genutzt wird. Leider aber ist es ein beinahe unübersehbares Unterfangen, wollte man alle möglichen Schwingungseinwirkungen auf den menschlichen Körper systematisch untersuchen.

Obwohl die biologischen Wirkungen der Schwingungen von Ort und Richtung, von Stärke und Dauer abhängen, bleibt doch das bei weitem wichtigste Kennzeichen die Frequenz. Schwingungen im Bereich zwischen etwa 18 und 18 000 Hz hören wir als Schall. Das menschliche Ohr ist ein erstaunlich empfindlicher Schwingungsaufnehmer, wenn auch seine Funktionsweise nicht in allen Einzelheiten geklärt ist. Mit dem Ohr hören wir beispielsweise den Unterschied zwischen einer Sinusschwingung und einer Rechteckschwingung gleicher Frequenz; die letztere klingt schärfer.

Eine Übersicht über die biologischen Effekte, die zu erwarten sind, wenn der menschliche Körper Schwingungen verschiedener Frequenzen ausgesetzt wird, ist in Tabelle 1 zusammengestellt worden. Eine derartige Aufstellung darf natürlich nicht als der Weisheit letzter

1.4 Die Einwirkung von Schwingungen auf den Menschen

Tabelle 1

		Frequenz (Hz)
		10^{-1} 1 10 10^2 10^3 10^4 10^5 10^6
		Infra-Schall | hörbarer Schall | Ultra-Schall
Schall	Empfindungen, die nicht über die Gehörnerven gehen	
	Schwindelgefühl	
	Verständigungsschwierigkeiten	
	Gehörschäden	
Schwingungen	Tast-Empfindungen	
	Schwindel und Unsicherheit	
	Seekrankheit	
	Körper-Resonanzen	
	Atemnot, Leibschmerzen	
	Sehstörungen	
	Hitzegefühl und Zellschäden	

Schluß aufgefaßt werden. Dazu sind einerseits die schon bei Bild 15 erwähnten Grenzen zu unsicher, andererseits können einige interessante biologische Effekte gar nicht eindeutig bestimmten Frequenzbereichen zugeordnet werden. Da sich Mutter Natur hier offenbar nicht in die Karten sehen läßt, haben wir solche Effekte in der Tabelle nicht mit aufgenommen.

Nun möchte man aber nicht nur wissen, was ein Mensch tatsächlich aushalten kann, man ist vielmehr auch neugierig zu erfahren, welche Widerstandsfähigkeit gegenüber Schwingungen denn erwünscht ist. Zur Erklärung ein Beispiel: in einem Flugzeug entstehen Schwingungen etwa durch die Triebwerke oder durch das Zusammenwirken von Flügel und Leitwerk einerseits mit der umströmenden Luft andererseits. Wenngleich sich hierzu keine absolut gültigen Werte angeben lassen, so gibt doch die folgende Aufstellung eine ungefähre Vorstellung von dem, was erwartet werden kann. Es ist bekannt, daß Schwingungen in einer für die Fluggäste lästigen Intensität in allen fünf der hier aufgeführten Fälle angeregt werden:

Kolbenmotore und Auspuff: 20 – 10 000 Hz,
Turbo-Strahltriebwerke: 60 – 40 000 Hz,
Luftgeräusche bei Schnellflug: 150 – 40 000 Hz,
Turbulenz und Böen: 0 – 5 Hz,
Verformungen der Flugzeugstruktur: 1 – 40 Hz.

32 1 Schwingungen, Freund oder Feind?

Staustrahltriebwerke und Raketen, die ja auch in der Luftfahrt verwendet werden, strahlen Störschwingungen im gesamten Hörbereich ab.

Nach dem bisher Gesagten ist es wohl verständlich, daß wir hier keinesfalls alle biologischen Effekte ausführlich erläutern können. Es kam uns nur darauf an, eine gewisse Vorstellung von dem zu geben, was passieren kann, wenn der menschliche Körper geschüttelt wird. Diese Ziel dürfte erreicht sein, so daß wir uns nun der Schwingungsbeanspruchung von Metallen zuwenden können.

1.5 Die Schwingungsfestigkeit von Metallen

Vor über 150 Jahren schrieb der aufmerksame Franzose Stendhal in seinen „Mémoires d'un Touriste":

„La Charité, 13. April 1837: Ich fuhr in flottem Tempo durch den kleinen Ort La Charité, als plötzlich – gleichsam als Strafe für mein morgendliches Nachdenken über den Kummer, den uns Eisen bereiten kann – die Achse meines Reisewagens brach. Beim genaueren Betrachten der Bruchstelle stellte ich fest, daß sie – offensichtlich durch längeren Gebrauch – grobkörnig geworden war."

Zu jener Zeit hatten die Ingenieure gerade herausgefunden, daß Metalle ermüden können. Sie hatten, wie Stendhal, festgestellt, daß plötzliche Brüche möglich sind, und daß die Bruchstelle das schon in Bild 5 gezeigte, merkwürdig körnige Aussehen hat.

Die Vorstellung von Ermüdung bei Eisen widersprach dem bisher bekannten Verhalten in statisch belasteten Eisen-Konstruktionen. Man war auf diesen Widerspruch durch das zunächst nicht erklärliche Versagen der Achsen von Eisenbahnwaggons aufmerksam geworden. Die Achsen brachen im Betrieb bei Belastungen, die deutlich unter den statisch zulässigen Bruchlasten lagen.

Der in Bild 16 gezeigte Radsatz wird durch das Gewicht des Wagens etwa wie skizziert verformt. Daraus folgt, daß die gerade oben befindlichen Teile der Achse gedehnt, die unten befindlichen aber zusammengedrückt, also verkürzt werden. Wenn nun die Achse beim Rollen des Radsatzes einmal ganz herumgedreht wird, dann durchlaufen Teile an der Oberfläche den folgenden Lastzyklus: Zugspannung

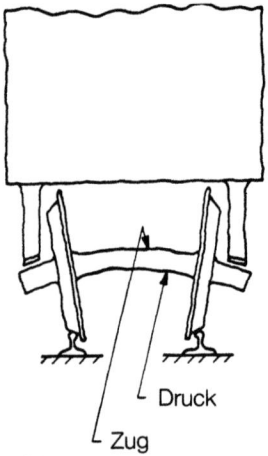

Bild 16

1.5 Die Schwingungsfestigkeit von Metallen 33

– keine Spannung – Druckspannung – keine Spannung – Zugspannung. Diesen Wechsel zeigt Bild 17 im Diagramm.

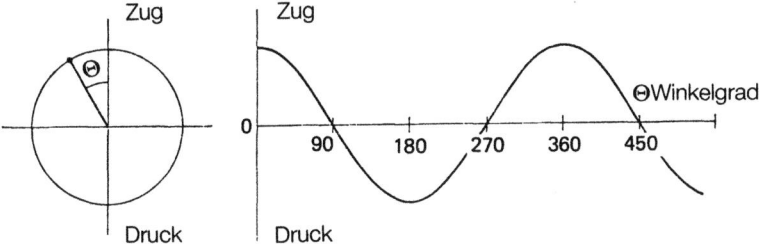

Bild 17

Nachdem man Ermüdungserscheinungen zunächst an Radsätzen beobachtet hatte, wurden erste systematische Untersuchungen zur Frage der Ermüdung der Materialien von dem deutschen Ingenieur A. Wöhler aufgenommen. Er erforschte das Materialverhalten bei Wechselbiegungen, entsprechend dem in Bild 16 gezeigten Fall. Dabei fand er heraus, daß das Material schon nach wenigen Lastwechseln versagt, sofern die maximale Wechsellast nur etwas kleiner als die statische Bruchlast ist. Verringert man die Wechsellast, dann versagt das Material erst bei einer größeren Zahl von Lastwechseln.

Diese Tendenz hält solange an, bis die Amplitude der Wechsellast auf etwa ein drittel bis ein viertel der statisch zulässigen Belastung reduziert wird. Bei kleineren Wechsellasten treten keine Ermüdungsbrüche mehr auf, so daß die Lebensdauer des Materials dann praktisch unbegrenzt ist. Man bezeichnet die zugehörige Grenzspannung als „Ermüdungsgrenze" oder auch als „Dauerfestigkeit" des Materials. In Bild 18 sind diese Ergebnisse als Kurve dargestellt.

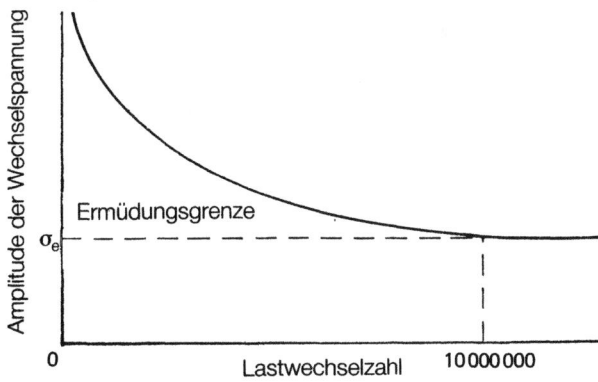

Bild 18

1 Schwingungen, Freund oder Feind?

In Bild 3 war ein Schiff gezeigt worden, dessen Rumpf infolge der ständigen Wechsellasten im Seegang zerbrochen ist. In diesem Fall kommt noch erschwerend hinzu, daß Metalle in Seewasser korrodieren. Obwohl diese Zusammenhänge noch nicht völlig geklärt werden konnten, ist es sehr wahrscheinlich, daß die Dauerfestigkeit von Stahl in einem korrosiven Medium deutlich reduziert wird.

Bei vielen technischen Anwendungen wird das Material nicht durch abwechselnden Zug und Druck, sondern durch eine pulsierende Spannung beansprucht, die einer konstanten Dauerspannung überlagert ist. Von dieser Art ist zum Beispiel die Belastung der Holme in Flugzeug-Tragflügeln. Die Spannung verläuft dann etwa so, wie es die Kurve von Bild 19 zeigt. Man hat nun herausgefunden, daß die

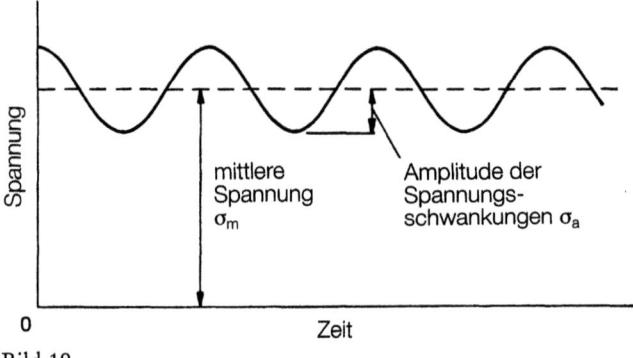

Bild 19

für unbegrenzte Lebensdauer zulässige Amplitude der Spannungsschwankung mit steigender Dauerspannung kleiner wird. Dieser Sachverhalt ist in der Kurve von Bild 20 dargestellt.

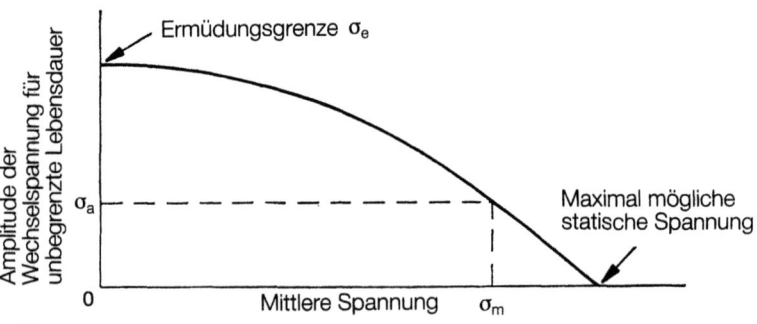

Bild 20

1.5 Die Schwingungsfestigkeit von Metallen

Der konstante Anteil der Spannungen in einem Bauteil ist meist durch die normale Betriebslast gegeben, während der pulsierende Anteil von oft gar nicht notwendigen Schwingungen abhängt. Das gilt für die schon erwähnten Flugzeug-Tragflügel genauso wie für den in Bild 21 gezeigten Handhabungsbügel eines Rasenmähers. Nun ist es verständlich, daß man sich bei leichten und kleinen Konstruktionen bemüht, mit dem mittleren Spannungswert möglichst nahe an den statisch zulässigen Wert heranzugehen; dann aber muß die pulsierende Spannung so klein wie möglich gehalten werden.

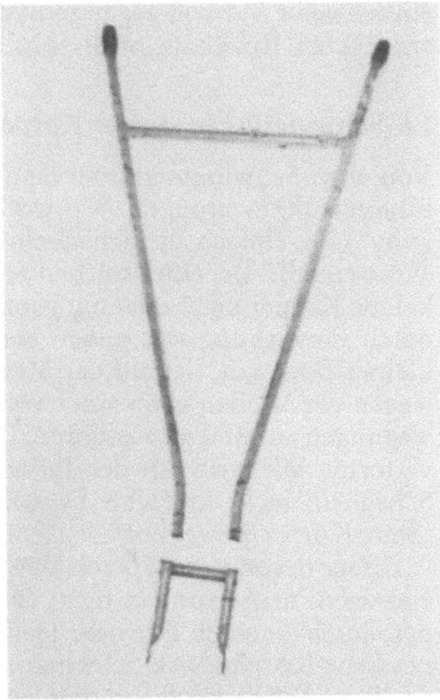

Bild 21
Handhabungsbügel für einen Rasenmäher, der nach längerem, harten Betrieb durch Ermüdung zerbrach. Das Versagen kam zustande durch Überlagerung von einseitiger Beanspruchung durch Niederdrücken des Bügels mit pulsierenden Spannungen, die vom Antriebsmotor und von den rotierenden Sicheln kamen.

Ermüdungserscheinungen treten nicht nur im Zusammenhang mit Schwingungen auf. Die Spannungszyklen brauchen sich nämlich nicht regelmäßig zu wiederholen. Auch muß keineswegs eine bestimmte Zahl von Spannungszyklen innerhalb einer vorgegebenen Zeitdauer durchlaufen werden. Da aber die für das Versagen eines Bauteils erforderliche Anzahl von Spannungszyklen meist sehr groß ist, setzt man bei Versuchen zweckmäßigerweise pulsierend schwingende Belastungen ein. Dann lassen sich in relativ kurzer Zeit Ergebnisse gewinnen.

Wenn auch Ermüdungsbrüche meist plötzlich erfolgen, so kann man doch nicht behaupten, sie erfolgten ohne jede Vorwarnung. Bei sorgfältiger Beobachtung der gefährdeten Teile lassen sich nämlich manchmal Anzeichen für kommende Schäden entdecken: die Oberfläche eines bruchgefährdeten Teils wird rauh bis rissig. Allerdings sind solche Warnzeichen auch bei starken Spannungsschwankungen oft nur schwer zu erkennen. Daher ist das Entdecken von Spannungsrissen überall dort von besonderer Bedeutung, wo Ermüdung zu befürchten ist. Ein Flugzeugmechaniker muß stets mit größter Sorgfalt nach den geringsten Anzeichen von Haar-Rissen suchen, und es wäre ein schwerer Verstoß gegen seine Dienstvorschriften, würde er einen entdeckten Rißansatz nicht sofort melden.

1.6 Schwingungen starrer Körper

Von allen Schwingungsarten eignet sich eine besonders gut für einführende Betrachtungen. Wir wollen sie hier als „Starr-Körper-Bewegung" oder einfach als „Schaukeln" bezeichnen – da mir kein besseres Wort einfällt. Bei einer solchen Schwingung verformt sich der schaukelnde Körper nicht oder nur ganz unwesentlich. Das Schaukeln wird durch Einwirkung von außen verursacht. Stellen Sie sich bitte ein kleines Boot vor, das auf der Meeresoberfläche schwimmt; es möge wegen der Wellen etwa eines vorbeifahrenden Dampfers sanfte Bewegungen auf und ab ausführen. Dabei wird das Boot nicht merklich verformt, wie man aus der Tatsache entnehmen kann, daß es beim Schaukeln nicht knirscht. Deshalb heißt diese Art von Bewegung „Starr-Körper-Bewegung".

Dieser besondere Typ von Bewegung läßt sich auch nutzbringend einsetzen: man kann ein nicht zu großes Schiff, meist einen Schlepper, durch einen im Bug oder Heck montierten Unwuchtmotor zu einer Starr-Körper-Nick-Schwingung anregen, und so das in Fahrt befindliche Schiff als Eisbrecher einsetzen.

Auch ein im Fahrstuhl auf und ab fahrender Mensch vollführt praktisch eine Starr-Körper-Bewegung, da diese Bewegung kaum mit Körper-Verrenkungen verbunden ist und auch nicht schmerzt. Ein anderes Beispiel: die Nadelstange einer Nähmaschine verformt sich bei ihrer Auf- und Ab-Bewegung nicht merklich. Entsprechendes gilt auch für Kolben von Verbrennungsmotoren oder für die Siebteller bei Schüttelsieben. In allen diesen Fällen werden die betrachteten Körper durch einen äußeren Antrieb bewegt und geschaukelt.

Später werden wir noch die Voraussetzungen kennenlernen, unter denen die Körper sich so bewegen, als seien sie starr. Da wir aber wis-

1.6 Schwingungen starrer Körper

sen, daß solche Bewegungen existieren, wollen wir hier kurz ihre Folgen überlegen; die sind nämlich sowohl historisch wie auch technisch interessant. Wenn sich der Schwerpunkt irgendeines Körpers oder eines Verbandes von Körpern schwingend bewegt, dann folgt aus einem von Newton gefundenem Grundgesetz der Mechanik, daß hierzu eine periodische, von außen auf den Körper oder den Körperverband wirkende Kraft vorhanden sein muß. Daraus wiederum folgt aber, daß der Körper oder der Verband, dessen Schwerpunkt schwingt, seinerseits mit einer entsprechenden Kraft auf die Umgebung zurückwirkt.

Man kann auch noch weitere Folgerungen aus Starr-Körper-Bewegungen ableiten. Wenn die Körper frei beweglich sind und – wie in den zuvor genannten Beispielen – durch äußere Einwirkungen bewegt werden, dann sind die Zusammenhänge noch durchsichtig. Es kann aber auch vorkommen, daß ein Verband von Körpern sich selbst aufschaukelt. Das geschieht zum Beispiel bei Motoren: man kann die bewegten Teile eines Kolbenmotors nicht so bauen und zusammenfügen, daß der Schwerpunkt des gesamten Motors im Betrieb in Ruhe bleibt. Das aber bedeutet, daß der Motor zu Schwingungen angeregt wird und daß dabei pulsierende Kräfte auf die Lager übertragen werden.

Von dieser Art waren übrigens die ersten Schwingungsprobleme, mit denen man sich in der Technik herumschlagen mußte. Bei den ersten Dampfmaschinen hatten Kolben und Pleuelstange manchmal Massen von mehr als einer Tonne. Werden nun solche Massen in Richtung der Zylinderachse hin und her beschleunigt, dann kann man in der ganzen Umgebung der Maschine ein gewaltiges Wuchten spüren. Solange die Betriebsdrehzahlen klein sind, bleiben die Wuchtschwingungen in erträglichen Grenzen. Da aber die Drehzahlen bei modernen Konstruktionen im allgemeinen größer gewählt werden, führen die Trägheitskräfte zu ernsthaften Belästigungen. Deshalb müssen die Maschinen ausgewuchtet werden. Das geschieht durch eine geeignete Veränderung der Massenverteilung für die bewegten Teile derart, daß sich der Gesamtschwerpunkt möglichst wenig bewegt.

Die Bewegungen des Schwerpunktes sind nicht notwendigerweise eine Folge des geometrischen Aufbaus oder der Verformungen eines Systems, sie können auch zufällig entstehen. Das kennt jeder, der seine Wäsche schon einmal in einer Trommelzentrifuge getrocknet hat. Die Zentrifuge rüttelt erbarmungslos, wenn die Wäsche in der Trommel schlecht verteilt ist. Dabei verformt sich die Trommel übrigens kaum, wohl aber verformen sich die Aufhängeelemente.

1 Schwingungen, Freund oder Feind?

Zur Demonstration solcher Effekte verwenden wir die in Bild 22 gezeigte Welle. Da man die Welle – wie auch andere Bauteile – nie vollkommen exakt fertigen kann, liegt der Schwerpunkt nie ganz genau auf der geometrischen Wellenachse. Bei dem Demonstrationsmodell von Bild 22 wurde absichtlich ein Paar exzentrischer Schrauben angebracht, damit der Schwerpunkt neben die geometrische Achse zu liegen kommt. Die Wellenenden liegen in Kugellagern, die sich zwar in horizontaler Richtung, nicht aber vertikal bewegen können. Die drehende Welle kann daher zusätzlich in der horizontalen Ebene schwingen oder schaukeln, ohne selbst dabei verformt zu werden. In dem in Bild 22 gezeigten Fall bewegen sich die Wellenenden stets im gleichen Sinne hin und her, sie sind „in Phase". Würde man die Bewegungsfreiheit in der Horizontalebene durch Festhalten der Kugellager einschränken, dann würden sich die Trägheitskräfte als periodische Kräfte im Lager bemerkbar machen.

Bild 22 Teil eines Demonstrationsgerätes mit kurzer dicker Welle in horizontal beweglichen Lagern. Durch die an der Oberfläche der zylindrischen Welle angebrachten Zusatzgewichte (Unwuchten) wird die durch einen Treibriemen in Drehung versetzte Welle zu Schwingungen in der horizontalen Ebene angeregt.

1.6 Schwingungen starrer Körper

Verlegt man nun eines der beiden Zusatzgewichte auf den genau gegenüberliegenden Punkt auf der Wellenoberfläche, dann schwingt die Welle nach dem Ingangsetzen so, daß sich die beiden Wellenenden in entgegengesetztem Sinn, also gegenphasig bewegen. Auch das stimmt mit den Grundgesetzen der Mechanik überein: läßt man einen starren Körper, der um eine durch den Schwerpunkt gehende Achse rotiert, zusätzlich um eine andere Achse senkrecht zur Rotationsachse pendeln, dann muß hierzu ein periodisches äußeres Kräftepaar auf den Körper wirken. Wenn die Zusatzgewichte auf verschiedenen Seiten der Welle angebracht sind und die Wellenachse noch zusätzliche Bewegungsfreiheit besitzt, dann bemüht sich der Rotor so gut es geht, seine Massenachse, die wegen der Zusatzgewichte etwas gegenüber der geometrischen Achse verdreht ist, in Ruhe zu halten. Dabei aber gerät die geometrische Achse ins Taumeln.

Will man das Taumeln rotierender Körper vermeiden, dann müssen die anregenden periodischen Kräfte beseitigt werden. Das geschieht durch Auswuchten des Rotors auf einer Wuchtmaschine derart, daß Massenachse und geometrische Achse zusammengebracht werden. Schnellaufende Rotoren, zum Beispiel die Läufer in Kreiselgeräten, müssen ganz besonders sorgfältig ausgewuchtet werden. Aber auch bei einfacheren Geräten, wie etwa bei Staubsaugern, werden die rotierenden Teile vor der Montage sorgfältig ausgewuchtet.

Die Schaukelbewegungen starrer Körper sind im allgemeinen ungefährlich; man kann sie leicht erkennen und durch ein hinreichend genaues Auswuchten unschädlich machen. Wir werden später noch sehen, daß man Schaukelbewegungen auch dadurch kennzeichnen kann, daß bei ihnen der noch genauer zu besprechende Effekt einer mit Verformungen verbundenen Resonanz nicht auftreten kann. Die Schwingungsformen mechanischer Schwingungen werden nämlich viel komplizierter, wenn die betrachteten Körper nicht mehr als starr betrachtet werden dürfen. Deshalb müssen wir nun also von Verformungen sprechen.

2 Freie Schwingungen

Von ihm läßt sich nichts sagen:
Ein Alltagstyp – mit Kragen,
Schlips und Stock,
Buntem Rock
Und Allerwerts-Betragen.

*Conceive me, if you can
An every-day young man;
A common-place type,
With a stick and a pipe
And a half-bred black and tan.*

Fast jeder Gegenstand kann, wenn er angestoßen wird, frei schwingen wie es ihm gerade paßt. Obwohl diese Schwingungen für die Technik nicht besonders interessant sind, muß man sich mit ihnen auseinandersetzen. Ihre Bedeutung liegt nämlich darin, daß sie so eine Art Visitenkarte sind, aus der sich auch das Verhalten des Schwingers bei nicht-freien Schwingungen erkennen läßt; sie bestimmen gewissermaßen den dynamischen Charakter des Systems.

2.1 Das Wesen der freien Schwingungen

Eine Klaviersaite schwingt frei aus, nachdem sie vom Hammer angeschlagen wurde. Die Saite kann schwingen, weil sie zwei Eigenschaften hat: erstens kann sie bei Bewegungen dank ihrer Masse kinetische Energie aufnehmen; zweitens aber wird in der Saite auch Energie dadurch gespeichert, daß die gespannte Saite aus ihrer Ruhelage ausgelenkt und damit verformt wird.

Ganz entsprechend kann ein einfaches Schwerependel frei schwingen, weil es zwei Energiespeicher in sich vereint: in der Pendelmasse wird bei Bewegungen kinetische Energie und beim Anheben des Pendelgewichtes aus der tiefsten Lage potentielle Energie gespeichert.

Später werden wir auch Schwingungen von Flugzeugen besprechen. Ein Laie könnte meinen, daß hier keine Energie durch Verformung gespeichert werden kann, weil die Struktur des Flugzeugs ziemlich starr ist. Tatsächlich aber hat ein Struktur-Dynamiker manchmal den Eindruck, als sei das Flugzeug gleichsam aus Gummi. Man kann

2.1 Das Wesen der freien Schwingungen 41

das aus Bild 23 erkennen: dort ist der rechte Tragflügel eines VC-10-Flugzeugs im Belastungsversuch zu sehen. Obwohl sich der hier nicht schwingende Flügel unter dem Einfluß der Last erheblich durchbiegt, wird er keineswegs beschädigt. Deshalb kann hier – wie auch bei anderen nachgiebigen Körpern, etwa bei Schiffen, Bauwerken und Maschinen – Energie durch Verformung gespeichert werden. Da aber alle diese Körper auch Masse haben, können sie frei schwingen, sofern sie in geeigneter Weise angestoßen werden.

Am Beispiel eines sehr einfachen Systems sollen nun freie Schwingungen näher untersucht werden. Hierzu verwenden wir eine Fahrradkette, die am oberen Ende aufgehängt wurde. Damit lassen sich die wesentlichen Eigenschaften freier Schwingungen eindrucksvoll demonstrieren.

Bild 23 Flugzeug-Tragflügel, der bei einem Strukturtest durch aufgebrachte Lasten verformt wird. Die Verformung bleibt in zulässigen Grenzen; der Flügel nimmt nach Aufhören der Belastung wieder seine ursprüngliche Form an. (Courtesy Vickers-Armstrong [Aircraft] Ltd.)

2 Freie Schwingungen

Man kann die ruhig und frei herunterhängende Kette entweder durch seitliches Auslenken und Freigeben oder auch durch Anstoßen in Schwingungen versetzen. Bei diesen Versuchen ist es zweckmäßig, die seitlichen Auslenkungen der Kette „klein" zu halten; damit ist gemeint, daß die seitlichen Verschiebungen einzelner Punkte der Kette klein im Vergleich zur Länge der Kette selbst bleiben sollen. Der Grund für diese Einschränkung soll hier nicht näher erläutert werden; wir werden ihn in Kapitel 6 noch kennenlernen. Die hier verabredete Einschränkung ist übrigens nicht sehr einschneidend, da die Verschiebungen irgendeines zu einem Körper gehörenden Punktes nur selten Werte erreichen, die den Abmessungen des Körpers selbst entsprechen – jedenfalls gilt das stets dann, wenn es sich um Verschiebungen durch Verformung handelt.

Was passiert nun mit der Kette? Wenn es auch nicht ganz einfach ist, ihre Bewegungsformen, also die freien Schwingungen genau zu beschreiben, so lassen sich doch die folgenden Eigenschaften ablesen:
1) Das Zeit-Verhalten der Bewegungen hängt von der Art des Ingangsetzens ab.
2) Die Bewegung hört infolge Dämpfung allmählich auf.
3) Es gibt keine eindeutig erkennbare Form für die in Bewegung befindliche Kette; ihre Gestalt wechselt vielmehr im Laufe der Bewegung. Häufig aber endet die Bewegung mit einer Schwingung, zu der eine mehr oder weniger gut identifizierbare Form der Kette und eine entsprechende Frequenz gehört.
4) Für die Kettenschwingungen läßt sich keine bestimmte Frequenz erkennen – es sei denn die schon unter 3) genannte, gegen Schluß der Bewegung auftretende.

Demnach machen die freien Schwingungen der in Bewegung gesetzten Kette einen beinahe chaotischen Eindruck. Wir werden jedoch sehen, daß sich dennoch Ordnung in das Chaos bringen läßt.

Die erstgenannte Beobachtung gibt uns bereits einen Hinweis: wenn wir sorgfältig auf die Art des Ingangsetzens achten, dann erhalten wir bezüglich 3) und 4) andere Ergebnisse. Es ist nämlich möglich, die Kette so anzuregen, daß eine ganz bestimmte Schwingungsform auftritt; zu ihr gehört dann auch eine ganz bestimmte Frequenz. Im Versuch läßt sich das am einfachsten zeigen, indem wir einen hier durchaus legitimen Trick anwenden.

Wenn das obere Ende der Kette an einem horizontal gleitenden Schieber nach Bild 24 befestigt wird, dann kann es bei gleichmäßigem Drehen der Antriebsscheibe sinusförmig hin und her bewegt werden. Mit der Antriebsgeschwindigkeit wird auch die Frequenz der Horizontalbewegung des Aufhängepunktes verändert. Bei ganz langsamer

2.1 Das Wesen der freien Schwingung   43

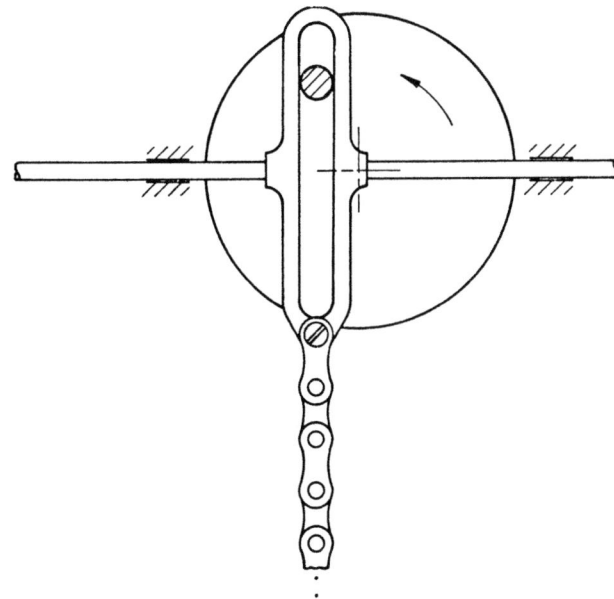

Bild 24

Bewegung, also niedriger Frequenz, bleibt die Kette mehr oder weniger vertikal hängen und wird fast parallel seitlich hin und her verschoben. Das entspricht etwa der Schaukel- oder Starr-Körper-Bewegung, die schon in Kapitel 1 beschrieben wurde. Wenn nun die Frequenz gesteigert wird, dann gibt es einen Zustand, bei dem die Kette heftig ausschlägt. Sie nimmt dabei die in Bild 25a skizzierte Form an und hat eine Frequenz, die gleich der Antriebsfrequenz des Schiebers ist. Natürlich ist dies keine freie Schwingung, da ja der Aufhängepunkt der Kette angetrieben wird. Deshalb brauchen wir hier noch nicht zu erklären, warum eine so heftige Schwingung entsteht. Interessant wird es, wenn wir nun den Antrieb plötzlich abschalten, also den Schieber festhalten, nachdem die Kette in gleichmäßige Schwingungen gekommen ist: dann bleibt eine freie Schwingung übrig, die völlig von den Bewegungen verschieden ist, wie sie bei den ersten Versuchen bei willkürlichem Anstoß angeregt wurden. Allerdings ist auch diese Schwingung gedämpft, aber sie behält dabei die Schwingungsform und die Frequenz bei. Also bleibt auch beim Abklingen der allgemeine Charakter der Schwingung erhalten.

Nun kann man fragen, ob nicht auch für irgendwelche anderen Antriebs-Frequenzen Ähnliches gilt. Durch Versuche läßt sich eindeutig

2 Freie Schwingungen

zeigen, daß dies der Fall ist – sogar für mehrere Frequenzen. Mit einer etwas schnelleren Hin- und Her-Bewegung des Schiebers läßt sich die Kette zu beachtlich großen Schwingungen in der im Bild 25b skizzierten Form anregen. Auch diese Schwingungen behalten Form und Frequenz bei, wenn die Bewegungen nach dem plötzlichen Abstellen des Antriebs allmählich abklingen. Bei einer wiederum höheren Frequenz stellt sich die in Bild 25c skizzierte Kettenform ein – und so geht es weiter. Allerdings lassen sich die Schwingungsformen im Versuch um so schwieriger einstellen, je höher die Frequenzen werden.

Als Ergebnis können wir festhalten, daß die Kette eine ganze Reihe von Schwingungsformen zuläßt, zu denen jeweils eine bestimmte Frequenz gehört: man spricht von Eigenformen und Eigenfrequenzen. Zu jeder Eigenform gehört außerdem ein bestimmter Dämpfungsgrad, durch den die Schnelligkeit des Abklingens charakterisiert wird.

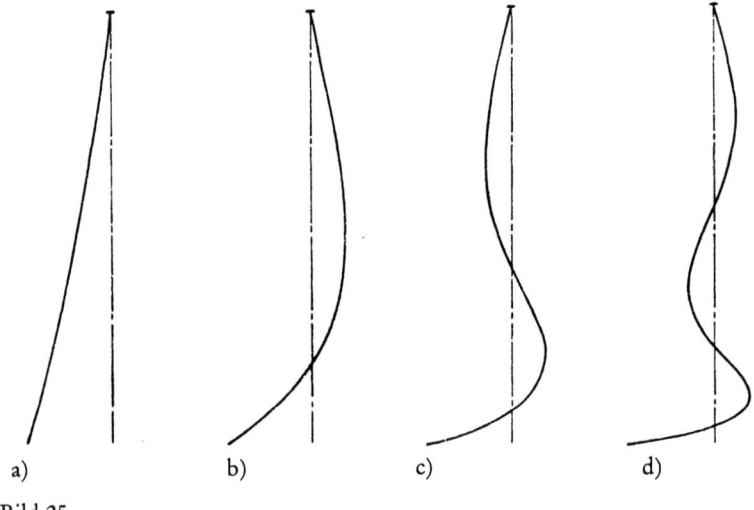

a)   b)   c)   d)

Bild 25

Der hier aufgezeigte systematische Weg zur Erforschung der Kettenschwingungen verträgt sich durchaus mit dem zunächst undurchsichtigen Bild, das uns die freien Schwingungen der beliebig angestoßenen oder aus beliebiger Lage losgelassenen Kette geboten haben. Man kann nämlich zeigen, daß die fast chaotisch komplizierte Bewegung aufgefaßt werden kann als eine Mischung von Eigenschwingungen, also von Schwingungen mit jeweils verschiedenen Eigenformen,

2.2 Die Eigenfrequenzen freier Schwingungen

Eigenfrequenzen und Eigendämpfungen. Der Anteil der einzelnen Eigenschwingungen an der Gesamt-Schwingung wird durch die Art des Ingangssetzens bestimmt.

Das menschliche Ohr reagiert sehr empfindlich auf das Abklingen von Schwingungen im Hörbereich. Dadurch sind wir auch in der Lage, verschiedene Musikinstrumente voneinander zu unterscheiden. Beim Anschlagen einer Klaviertaste stößt ein Hämmerchen gegen die Saite und regt sie zu Eigenschwingungen an, die allmählich abklingen. Nimmt man diesen Vorgang auf Tonband auf und spielt das Band rückwärts ab, dann hört man einen in seiner Intensität anschwellenden Ton, der dann ganz plötzlich aussetzt. Dieser Rückwärts-Ton klingt aber völlig anders als der Klavier-Ton.

An dieser Stelle wollen wir den Musikfreund auf Haydn's „Menuette al Rovescio" aus einer unveröffentlichten Sonate in A-Dur hinweisen. Dieses Menuett ist ein köstliches Kabinettstückchen, dessen Melodie vorwärts und rückwärts gespielt, völlig gleich ist. Nimmt man nun das auf dem Klavier gespielte Stück auf Tonband auf und spielt es rückwärts wieder ab, dann läßt sich zwar die Melodie gut erkennen, aber die Klangfarbe ist so stark verändert, daß man glaubt, nicht ein Klavier, sondern eine Art Harmonium zu hören.

Frequenzen, Schwingungsformen und Dämpfungsgrade beliebiger Schwinger – nicht nur der hier betrachteten Kette – sind gewissermaßen systemtypische Eigenschaften des Schwingers; sie gehören zu ihm und werden nicht erst durch äußere Einwirkungen aufgezwungen. Wegen der Bedeutung dieser Eigenschaften müssen sie nun genauer besprochen werden.

2.2 Die Eigenfrequenzen freier Schwingungen

Wir haben gesehen, daß zu der hängenden Fahrradkette eine ganze Reihe von charakteristischen Eigenfrequenzen gehören. Das gilt allgemein auch für Maschinen und andere schwingungsfähige Strukturen: die Systeme können in einer oder in mehreren ihrer Eigenfrequenzen frei schwingen, und viele der uns schon vertrauten freien Schwingungen sind eine Mischung von Eigenschwingungen.

Schlägt man auf dem Klavier das eingestrichene a' an, dann hört man einen Ton mit der Eigenfrequenz 440 Hz. Tatsächlich aber ist dies nur die Frequenz der dominierenden Teilschwingung. Die Klaviersaite schwingt in Wirklichkeit nicht nur mit 440 Hz, sondern führt außerdem noch Schwingungen kleinerer Amplituden mit den Frequenzen 2x440, 3x440, 4x440, ... Hz aus. Gerade an diesen Obertönen erkennen wir, daß der Ton von einem Klavier, und nicht etwa von einem Fagott kommt.

Bei der hängenden Fahrradkette sind die niederen Eigenfrequenzen nicht so gleichmäßig verteilt wie bei der Klaviersaite. Dennoch findet man auch hier für die höheren Kettenfrequenzen eine entsprechende Gesetzmäßigkeit. Das läßt sich aber nicht verallgemeinern. So wurden für die gegen-symmetrischen Schwingungsformen des in Bild 23 gezeigten VC-10-Flugzeugs die Frequenzen 1,85; 2,56; 2,92; 3,96; 4,28; ... Hz gemessen. Es spricht nichts dagegen, daß nicht auch einmal zwei Frequenzen dicht beieinander liegen oder sogar gleich groß sein könnten. Man erkennt das übrigens an dem einfachen Beispiel eines Raumpendels, das in zwei zueinander senkrechten, vertikalen Ebenen durch den Aufhängepunkt mit gleicher Frequenz schwingen kann.

Wenn eine Schwingung störungsfrei in genau einer der Eigenformen angeregt wurde, dann behält sie Eigenform und Eigenfrequenz trotz des Abklingens bei. Das konnte bereits bei dem Versuch mit der Kette gezeigt werden. Im folgenden wollen wir nun von der Dämpfung der Eigenschwingungen absehen und zunächst nur Eigenform und Eigenfrequenz untersuchen.

Ein Gewicht, das an einem Gummiband aufgehängt ist, hüpft auf und ab, wenn man es etwas herunterzieht und dann losläßt. Es entsteht eine Bewegung in ausschließlich einer Schwingungsform. Schwingungen mit anderen Eigenformen ließen sich nur dann ausmachen, wenn man die Verformungen des Gummibandes in sich berücksichtigen würde; sie haben aber eine recht hohe Eigenfrequenz und würden schnell abklingen. Gerade weil die Grund-Eigenschwingung so stark dominiert, können wir mit unserem Schwinger bequem experimentieren.

Zunächst läßt sich leicht feststellen, daß die Hüpf-Frequenz des Schwingergewichtes nicht von der Größe der Amplitude abhängt – sofern diese nicht zu groß wird. Das ist freilich nichts Neues, da wir entsprechendes bereits bei den Versuchen mit der Kette festgestellt hatten: die Kette behielt ihre Eigenfrequenz auch bei kleiner werdenden Amplituden, also bei Abklingen der Schwingung bei. Wenn wir also die Frequenz nicht durch Wahl einer anderen Amplitude verändern können, so können wir sie doch durch Abändern des Schwingers beeinflußen. So wird die Eigenfrequenz kleiner, wenn das am Gummiband hängende Gewicht größer gewählt wird. Andererseits wird die Frequenz größer, wenn man ein steiferes Gummiband verwendet. Das kann einfach durch Einhängen eines zweiten Bandes geschehen.

2.2 Die Eigenfrequenzen freier Schwingungen

Diese Ergebnisse sind von grundsätzlicher Bedeutung: vergrößert man die Masse eines Systems, dann werden alle Eigenfrequenzen kleiner – wenn auch in unterschiedlichem Ausmaß; wenn umgekehrt die Steifigkeit vergrößert wird, dann steigen alle Frequenzen an – wiederum unterschiedlich stark. Die Steifigkeit einer Klaviersaite hängt von der Spannkraft ab; deshalb vergrößert ein Klavierstimmer die Spannung, wenn er den Ton der Saite anheben, also die Eigenfrequenz vergrößern will. Manchmal kommt es vor, daß die Steifigkeit selbst noch von der Masse abhängt – zum Beispiel beim Schwerependel. In solchen Fällen muß ein Vergrößern der Masse nicht unbedingt auch eine Änderung der Frequenz zur Folge haben. Ganz allgemein gesprochen verändern wir mit einer Änderung von Masse oder Steifigkeit auch das System selbst. Deshalb dürfen wir uns nicht wundern, wenn dann auch veränderte Frequenzen und Eigenformen herauskommen.

Wenn man Massenverteilung und Steifigkeiten eines Systems hinreichend genau kennt, dann können die Frequenzen berechnet werden. Für den Ingenieur ist das oft von großer Bedeutung, zum Beispiel, wenn er ein so kompliziertes Gebilde wie ein Flugzeug zu berechnen hat, das auf vielfach verschiedene Art verformt werden kann.

Die naheliegende Frage, warum wir denn die Eigenfrequenzen einer Maschine, eines Bauwerks oder irgendeines sonstigen Systems kennen möchten, soll hier zunächst zurückgestellt werden. Bei genaueren Untersuchungen stellt man aber fest, daß es keineswegs immer notwendig ist, alle die vielen möglichen Eigenfrequenzen komplizierter Systeme zu bestimmen; oft genügt es vollkommen, wenn wir unser Interesse auf einen natürlich genauer zu definierenden kritischen Bereich von Eigenfrequenzen konzentrieren. In vielen Fällen brauchen tatsächlich nur die niedrigsten Eigenfrequenzen berücksichtigt zu werden.

Ist das System ein Kristall, wie er etwa bei Tonaufnehmern in Plattenspielern verwendet wird, dann liegen die interessierenden Frequenzen im Bereich bis zu einigen tausend Hertz. Bei Maschinen und größeren Konstruktionen sind sie im allgemeinen sehr viel niedriger, oft unter 50 Hz, selten höher als 500 Hz.

Manchmal können die niedrigsten Frequenzen sehr klein sein. So schwingt beispielsweise eine zwischen zwei Pfosten ausgespannte, stark durchhängende Wäscheleine mit nur etwa ein bis zwei Hertz. Gerade dieser Typ von Schwingungen wurde im Herbst 1959 bei den Überlandleitungen des Central Electricity Generating Board dort beobachtet, wo die Kabel den Severn-Fluß überqueren (Bild 26). Die Frequenz der Schwingungen lag mit etwa 0,125 Hz ungewöhnlich nied-

48 2 Freie Schwingungen

Bild 26 Kabelführung über den Severn-Fluß. Die Leitungskabel hängen an zwei um mehr als 1,5 km voneinander entfernten Masten. Durch Wind wurden so heftige Schwingungen angefacht, daß die Leitungen kollidierten. (Courtesy C. E. G. B.)

2.2 Die Eigenfrequenzen freier Schwingungen

rig. Die Leitungskabel mit einem Durchmesser von 43 mm wurden von zwei großen, über 1,5 Kilometer voneinander entfernt stehenden Masten getragen. Es zeigte sich nun, daß auch ein mäßig starker Wind aus bestimmter Richtung die Kabel zu so heftigen Schwingungen mit kleiner Frequenz aber großer Amplitude aufschaukeln konnte, daß die um 8 bis 9 Meter auseinanderliegenden Kabel kollidierten; dabei gab es Kabelbrüche, angeschmorte Leitungen und schließlich Kurzschlüsse mit einem Zusammenbruch der Elektrizitätsversorgung. Es gelang übrigens in diesem Fall, die Gründe für das Anfachen der Schwingungen herauszufinden und damit zugleich auch eine Möglichkeit zur Abhilfe anzugeben: die Schwingungen verschwanden, nachdem man die dem Wind ausgesetzte Oberfläche der Kabel geometrisch verändert hatte. Dies geschah durch Umwickeln der Leitungskabel mit dünnen Kunststoffbändern.

Im Grunde gehören die bei der Hochspannungsleitung aufgetretenen Probleme nicht in das Gebiet der freien Schwingungen, da ja der von den Kabeln gebildete passive Schwinger durch windbedingte äußere Einwirkung angefacht wurde. Um aber die Störungen beseitigen zu können, benötigten die Ingenieure Informationen über die möglichen freien Schwingungen, besonders über diejenigen Eigenfrequenzen, die den Frequenzen der beobachteten Schwingungen benachbart sind.

Schließlich soll hier noch ein weiteres Ergebnis über die Frequenzen freier Schwingungen, also über Eigenfrequenzen, mitgeteilt werden: es gilt die allgemeine Regel, daß die Abstände zwischen den Eigenfrequenzen beliebiger Systeme mit steigender Frequenz kleiner werden. Das scheint zwar der früheren Bemerkung zu widersprechen, nach der die höheren Eigenfrequenzen der hängenden Fahrradkette etwa gleiche Abstände haben. Tatsächlich aber kann man die Zusammenhänge gerade am Beispiel der Kette gut erklären: die früher getroffene Feststellung bezog sich lediglich auf seitliche Bewegungen der Kette in der „weichen" Ebene, senkrecht zu den Achsen zwischen den Kettengliedern. Aber die Kette kann auch verdrillt und aus der weichen Ebene herausgebogen werden; die Kettenglieder und ihre Gelenke verformen sich dabei in komplizierter Weise. Bei allen solchen Bewegungen spielt nun die Masse eine geringere Rolle als die Steifigkeit, so daß die zugehörigen Schwingungen recht hohe Frequenzen haben. Diese Querschwingungs-Frequenzen füllen nun die Lücken zwischen den Frequenzen der zunächst allein betrachteten Eigenschwingungen in der weichen Ebene. Bei sehr hohen Frequenzen bilden die vielen möglichen Eigenfrequenzen verformbarer Systeme eine fast lückenlose Folge.

2 Freie Schwingungen

2.3 Eigenformen

Wie die Versuche mit der Fahrradkette gezeigt haben, sind die Eigenfrequenzen stets mit bestimmten Schwingungsformen des Systems, den Eigenformen verbunden – und ein Schwingungsfachmann betrachtet beide instinktiv als zusammengehörend. Also nochmal: wesentliches Kennzeichen der Eigenfrequenzen eines Körpers ist, daß zu jeder von ihnen eine ganz bestimmte Eigenform gehört. Bei dem Klaviersaitenton a' zum Beispiel gehört zur Frequenz 440 Hz ein einzelner Schwingungsbogen (Bild 27a). Die Saite kann aber auch in anderen Formen schwingen; so gehört zur Frequenz 880 Hz eine Eigenform mit zwei Bögen. Bild 27 zeigt die ersten drei Eigenformen der Saite.

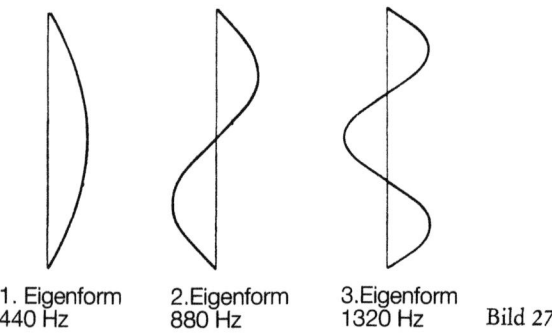

1. Eigenform 2. Eigenform 3. Eigenform
440 Hz   880 Hz   1320 Hz   Bild 27

Bei einem aus Pendelgewicht und Stange bestehendem Schwerependel ist die zur niedrigsten Frequenz gehörende Eigenform leicht zu erkennen: die Pendelstange dreht um die Aufhängeachse, verformt sich aber nicht dabei. Aber schon die zweite Eigenform ist kompliziert, weil dabei die Pendelstange verbogen wird und dann mit viel höherer Eigenfrequenz schwingt. Natürlich gibt es auch hier weitere Eigenschwingungen. Für einen anderen Typ von Schwerependel, die hängende Kette, hatten wir die ersten Eigenformen bereits in Bild 25 gezeigt.

Klaviersaite und Schwerependel sind so einfache Schwinger, daß ihre Eigenformen leicht auch berechnet werden können. Demgegenüber sind die Eigenformen von komplizierten technischen Gebilden, etwa von Werkzeugmaschinen oder Gebäuden, viel undurchsichtiger. So erhält man für die schon früher erwähnten ersten Eigenfrequenzen des VC-10-Flugzeugs die in Bild 28 angedeuteten Eigenformen. Bei neu entwickelten Flugzeugen werden die Eigenformen und

2.3 Eigenformen 51

Eigenfrequenzen sowohl experimentell wie auch rechnerisch ermittelt.
Die in Bild 28 skizzierten Eigenformen sind für das fliegende Flugzeug errechnet worden. Wenn bei Versuchen am Boden gerade diese Eigenformen herauskommen sollen, dann muß Aufstellung und Halterung des Flugzeugs natürlich den im Flug geltenden Verhältnissen angepaßt werden. Die Flug-Eigenformen unterscheiden sich nämlich deutlich von denen, die für das auf dem Fahrwerk stehende Flugzeug gemessen werden. Da nun die Flug-Eigenformen für den Flugzeugbauer wichtiger sind, bemüht man sich, sie durch Umrechnen aus den experimentell bestimmten Stand-Eigenformen zu ermitteln.

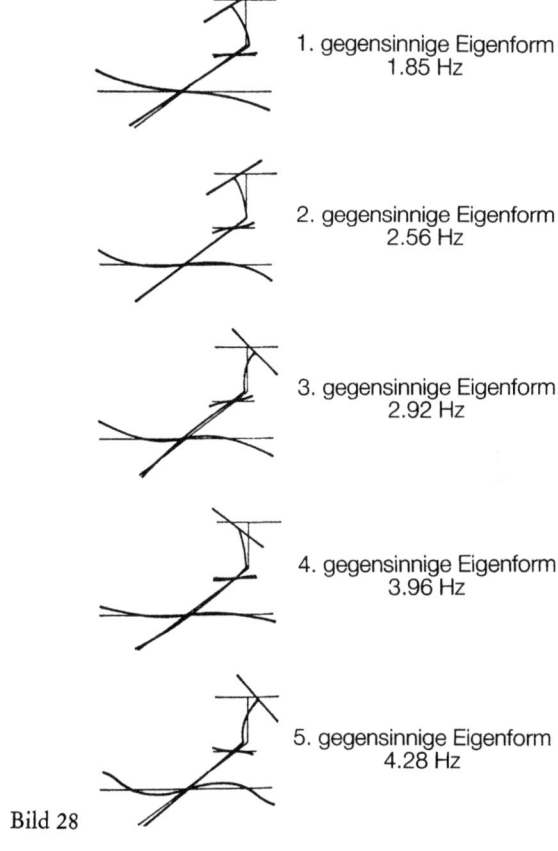

1. gegensinnige Eigenform
1.85 Hz

2. gegensinnige Eigenform
2.56 Hz

3. gegensinnige Eigenform
2.92 Hz

4. gegensinnige Eigenform
3.96 Hz

5. gegensinnige Eigenform
4.28 Hz

Bild 28

2 Freie Schwingungen

Übrigens – so seltsam das klingen mag – auch bei Schiffen tritt das gleiche Problem auf. In Bild 29 ist ein großer Öltanker mit einer Wasserverdrängung von etwa 250 000 Tonnen im Umriß skizziert. Darunter sind die ersten drei Eigenformen aufgezeichnet, wie sie für die Verformungen des voll beladenen, aber nicht im Meer schwimmenden – gewissermaßen im Raum schwebenden – Tankers errechnet worden sind. Man verwendet die Eigenformen und Eigenfrequenzen des „schwebenden" Schiffes bei einigen Berechnungsverfahren. Es ist aber völlig ausgeschlossen, diese Größen durch Versuche zu bestimmen.

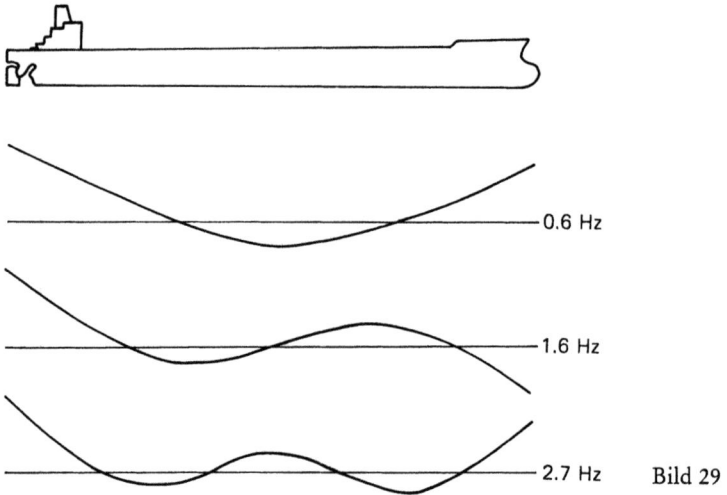

Bild 29

Die Eigenformen eines Systems, jeweils einer Eigenfrequenz zugeordnet, haben wichtige Eigenschaften. Sie bilden gewissermaßen die Elemente, aus denen durch Überlagern jede beliebige mögliche Verformung des Systems aufgebaut werden kann. Wenn also ein System irgendwie statisch ausgelenkt und dann freigegeben wird, dann führt es freie Schwingungen aus, die aus genau den Eigenschwingungen bestehen, deren Eigenformen bei Überlagerung die gerade angeregte Schwingungsform ergeben. Die Eigenschwingungen sind voneinander unabhängig und laufen im Takt ihrer Eigenfrequenzen ab. Genau diesen Zusammenhang hatten wir bereits bei den Experimenten mit der Fahrradkette angedeutet; jetzt läßt sich gut verstehen, daß das Bild der bei beliebigem Anstoß so kompliziert verlaufenden freien Schwingungen durchaus verträglich ist, mit dem Kon-

2.4 Das Abklingen von Eigenschwingungen   53

zept der überschaubaren Eigenschwingungen mit genau definierten einfachen Eigenformen.

Wenn in einem System zwei oder mehr dicht beieinander liegende Eigenfrequenzen vorhanden sind, dann bereitet die Bestimmung der zugehörigen Eigenformen Schwierigkeiten. Je näher nämlich die Eigenfrequenzen beieinander liegen, um so ähnlicher sind auch die Eigenformen. So kann ein räumliches Schwerependel frei in einer Vertikalebene schwingen, die wir hier als xz-Ebene bezeichnen wollen; es kann aber ebenso gut in der zur xz-Ebene senkrechten, vertikalen yz-Ebene schwingen. Beide Schwingungen können als Eigenschwingungen mit entsprechenden Eigenformen aufgefaßt werden. Da aber das Pendel auch in jeder anderen, durch den Aufhängepunkt gelegten Vertikalebene schwingen kann, lassen sich solche Schwingungen als Überlagerung von zwei gleichzeitig in xz- und yz-Ebene erfolgenden Eigenschwingungen deuten. Man kann in diesem Fall sogar jede Kombination der ursprünglich definierten Eigenschwingungen selbst wieder als Eigenschwingung auffassen. Tatsächlich sind ähnlich knifflige Zusammenhänge bei Schwingungen von Flugzeugzellen festgestellt worden.

Als eine der beiden Voraussetzungen für freie Schwingungen eines Systems hatten wir die Fähigkeit, durch Verformung Energie zu speichern, genannt. Die Speicherfähigkeit kann durch Veränderung des Systemzustandes beeinflußt werden, manchmal zum Beispiel durch ein Ansteigen der Temperatur. Dann ändern sich Eigenfrequenzen und oft auch die Eigenformen. Das kann für Flugzeug-Ingenieure von entscheidender Bedeutung sein, weil bei Überschall-Flugzeugen eine kinetische Aufheizung durch Luftreibung auftritt, durch die Eigenfrequenzen verschoben und Eigenformen verändert werden.

2.4 Das Abklingen von Eigenschwingungen

Wir hatten schon davon gesprochen, daß freie Schwingungen im Laufe der Zeit abklingen. Man nennt das Dämpfung; sie wird durch Bewegungswiderstände, also durch Reibung verursacht. Eine Glocke tönt noch beträchtliche Zeit nach dem Anschlagen des Klöppels. Das liegt an dem geringen Energieverlust: es gibt keine wesentlichen Reibungskräfte im Material, durch die Energie vernichtet werden könnte, und auch das Abstrahlen der Energie als Schallwellen läßt die Gesamtenergie nur langsam absinken. Wenn man andererseits einen Kraftwagen durch periodisches Zusammendrücken der Radfederungen auf und ab schwingen läßt und ihn dann freigibt, dann hört die Bewegung sehr rasch auf. Gerade zu diesem Zweck sind ja Stoßdämp-

2 Freie Schwingungen

fer eingebaut worden. Bei einem fahrenden Wagen werden die Federn bei Überrollen eines Hindernisses plötzlich zusammengedrückt. Wären nun keine Stoßdämpfer vorhanden, dann würde der Wagenkasten unweigerlich in freier Schwingung auf und ab schaukeln, bis die Schwingungsenergie langsam verbraucht ist. Allgemein erwarten wir in Systemen, die wenig Dämpfung besitzen – wie zum Beispiel bei der Glocke – deutlicher feststellbare Schwingungen als in Systemen, bei denen die Schwingungsenergie rasch vernichtet wird.

Für viele Systeme ist es sehr wichtig, daß Dämpfung vorhanden oder auch nicht vorhanden ist. So muß beispielsweise die Reibung in den Federgelenken von empfindlichen Meßgeräten möglichst vermieden werden, und es bedarf besonderer Anstrengungen, hier die Reibungen – und damit die Dämpfung – so gering wie möglich zu halten. Eine Möglichkeit für die konstruktive Ausführung derartiger Federgelenke zeigt Bild 30; dabei ist als gestrichelte Linie die Gelenkachse angedeutet worden.

Jedes schwingende System besitzt Dämpfung. Wir wissen beispielsweise, daß der Energieverlust einer schwingenden Flugzeugzelle zum Teil von den Beplankungen herrührt: an den Nietstellen reiben die Beplankungsbleche leicht aneinander. Ein Haus oder andere Bauwerke haben meistens eine ziemlich starke Dämpfung – eine Tatsache, die vor allem Einfluß auf die möglichen Auswirkungen von Erdbeben hat.

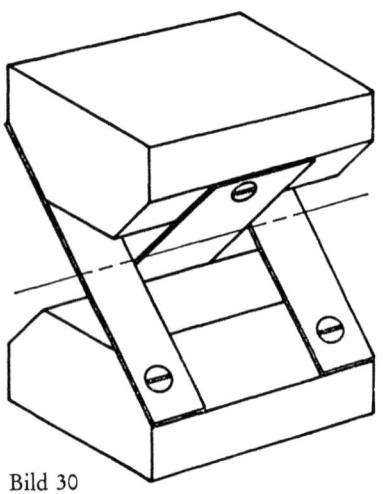

Bild 30

Wenn Dämpfung erwünscht ist, kann man sie auch künstlich einführen oder vergrößern. Der Einbau von Stoßdämpfern im Kraftwagen gibt uns hierfür ein Beispiel. Bei vielen Meßgeräten wäre es höchst ärgerlich, wenn der Zeiger ständig um den Wert der Soll-Anzeige pendelte (Bild 31a). Man erreicht durch eine künstliche Dämpfung des Anzeigesystems, daß der Zeiger die Soll-Anzeige ohne große Verzögerung angibt (Bild 31b). Zuviel Dämpfung wäre freilich genauso unerwünscht wie zu wenig, da sich der Zeiger dann nur langsam kriechend dem Sollwert nähert (Bild 31c).

2.4 Das Abklingen von Eigenschwingungen

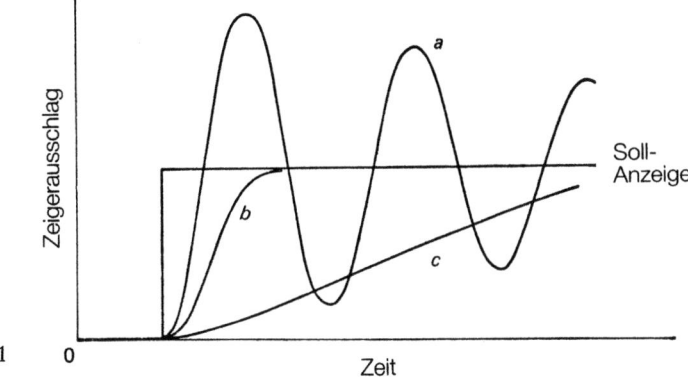

Bild 31

Man kann schwingende Systeme auf vielfach verschiedene Weise künstlich dämpfen; es gibt hierzu elektrische Verfahren, aber auch rein mechanische Vorrichtungen. Einige davon sind die folgenden:
1) Viskose Flüssigkeitsreibung: einfaches Beispiel dafür ist ein Dämpfungstopf, der aus einem Zylinder und einem sich darin bewegenden Kolben besteht. Reibung kommt dadurch zustande, daß die im Zylinder befindliche Flüssigkeit oder Luft bei Bewegungen des Kolbens durch den schmalen Spalt zwischen Kolben und Zylinderwand strömen muß. Bei anderen Konstruktionen bewegen sich Dämpfungsflügel in einem Ölbad oder einem Silikon-Fluid.
2) Materialien mit starker Eigendämpfung: würde man etwa Glocken aus einer bestimmten Kupfer-Mangan-Legierung gießen, dann könnten sie nach dem Anschlagen vielleicht „bumm" machen, aber keinen länger klingenden Ton abgeben. Für die Aufstellung von Maschinen verwendet man vielfach Gummielemente, die gute Dämpfungseigenschaften haben. Bei manchen Turbo-Kompressoren hat man die Schaufeln aus Faserwerkstoff hergestellt, weil solches Verbundmaterial meist eine besonders große innere Dämpfung besitzt.
3) Beschichten von Blechen: man kann die Oberflächen von Metallblechen so mit einer Schutzschicht überziehen, daß beim Dagegenschlagen kein metallisch harter Klang, sondern nur noch ein dumpfes Tönen zu hören ist.
4) Trockene Reibung: sie entsteht durch das Gegeneinandergleiten zweier Oberflächen während des Schwingens. Diesen Effekt benutzt man zum Beispiel bei manchen Turbo-Kompressoren, indem man die Schaufeln nicht starr am Außenrand der Rotorscheibe befestigt. Ein anderes Beispiel sind Schraubenfedern, bei denen zur Vergrößerung

der inneren Reibung Pfropfen aus verknäultem Draht eingebettet sind.

5) *Sandwich-Konstruktionen:* Mehr-Schichten-Bleche lassen sich als gute Schalldämpfer verwenden; sie bestehen aus dünnen Metallblechen mit einem Film viskoelastischen Materials dazwischen.

6) *Schaumstoff- und Gummi-Verpackungen:* man kann ein rohes Ei oder eine elektrische Glühbirne aus großer Höhe auf harten Boden fallen lassen, ohne daß sie Schaden leiden – vorausgesetzt, sie wurden sorgfältig in geeignetes Material verpackt.

Man muß bei Dämpfungen zwei Arten unterscheiden: absichtlich eingeführte oder schon vorhandene. Während sich eine künstliche Dämpfung meist auf das Genaueste berechnen läßt, muß man die in einem System bereits vorhandene Eigendämpfung fast immer durch Messungen bestimmen; sie entzieht sich genaueren Berechnungen.

Nachdem nun Art und Entstehung von Dämpfungen geklärt sind, sollen jetzt ihre Auswirkungen untersucht werden. Dabei wird vor allem zu klären sein, wie Eigenformen und Eigenfrequenzen durch Dämpfung beeinflußt werden.

In Bild 32 ist ein Torsions-Pendel dargestellt. Ähnlich wie bei dem aus Gummiband und Masse bestehenden Schwinger kann man auch bei dem Torsionspendel die erste Eigenform sofort erkennen; die erste Eigenfrequenz liegt hinreichend entfernt von den nächsten Eigenfrequenzen. Bei dem Torsionspendel hängt eine schwere Metallscheibe A so an einem Draht B, daß die Scheibe nach kurzzeitigem Verdrillen des Drahtes Drehschwingungen und die Vertikalachse ausführen kann. An der Unterseite der Scheibe ist ein ringförmiger Blechstreifen C befestigt; er taucht teilweise in Öl ein, das sich in dem Ringgefäß D befindet. Durch Anheben oder Absenken des Ölgefäßes kann die Dämpfung der Scheibenschwingungen größer oder kleiner gemacht werden.

Zunächst senken wir das Gefäß vollkommen ab und versetzen die Scheibe A durch Verdrehen und Loslassen in Drehschwingungen. Die Schwingungen sind so langsam, daß wir laut mitzählen können, wenn die Scheibe 1, 2, 3, ... Vollschwingungen ausführt. Ohne mit dem Zählen aufzuhören, wird nun das Gefäß D angehoben. Ohne mit dem Zählen aufzuhören, wird nun das Gefäß D angehoben. Die Schwingungen klingen dann deutlich rascher ab, aber der Takt des Mitzählens ändert sich nicht merklich. Die Frequenz bleibt also auch bei ziemlich starker Dämpfung praktisch konstant.

Um nun den Einfluß der Dämpfung auf die Eigenformen zu untersuchen, verwenden wir die schon früher erprobte hängende Fahrradkette. Wir ergänzen den Schwinger aber dadurch, daß wir an den in Bild 24 gezeigten Schieber noch eine zweite, gleichartige Kette hän-

2.4 Das Abklingen von Eigenschwingungen 57

gen, etwa ein bis zwei Zentimeter hinter der ersten. Eine der beiden Ketten wird nun in ein flaches, hohes, mit Öl gefülltes Glasgefäß gehängt, während die andere weiterhin in Luft schwingt. Nach Einschalten des Antriebs sehen wir unmittelbar, daß die Bewegung der im Ölbad befindlichen Kette viel stärker gedämpft ist. Wenn die Antriebsfrequenz mit einer Eigenfrequenz übereinstimmt, dann werden die Ausschläge für beide Ketten groß, die Amplituden sind jedoch bei der in Luft schwingenden Kette merklich größer. Nach plötzlichem Anhalten des Schiebers schwingen beide Ketten frei aus. Sie behalten dabei ihre Eigenformen, und diese sind

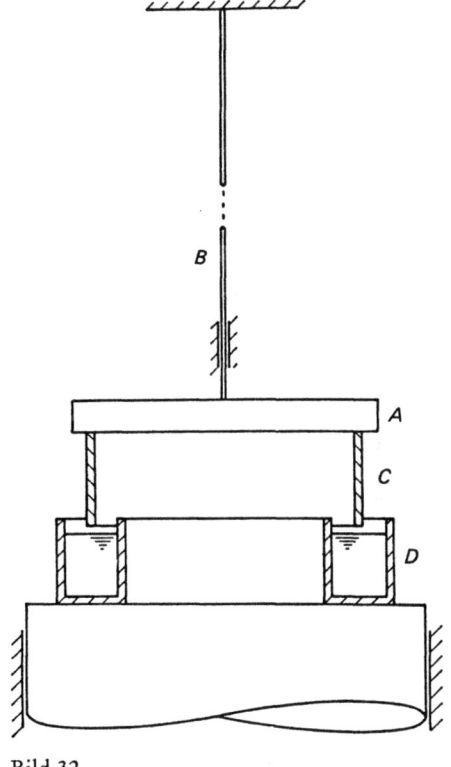

Bild 32

für beide gleichartig. Aus dem Experiment mit dem Torsionsschwinger wissen wir bereits, daß die Frequenz durch Dämpfung kaum verändert wird; deshalb brauchen wir uns nicht zu wundern, daß auch die beiden Ketten mit gleicher Frequenz schwingen. Aber die in Öl schwingende Kette kommt schneller zur Ruhe. Somit stellen wir als Ergebnis unserer Versuche fest: weder die Frequenz noch die Eigenform der Schwingungen werden durch Vergrößern der Dämpfung merklich verändert.

Dieses Ergebnis ist typisch für gedämpfte Schwingungen, und unsere speziellen Versuche waren lediglich ein bequemes Mittel, diese allgemeine Regel zu demonstrieren. Nun aber drängt sich eine interessante und sehr wichtige Frage auf: wir haben zwar gezeigt, daß Eigenfrequenzen und Eigenformen bei Vergrößern einer vorhandenen Dämpfung nicht merklich verändert werden; damit ist aber noch nicht bewiesen, daß Entsprechendes auch gilt, wenn bei einem zuvor dämpfungsfreien System nunmehr Dämpfung eingeführt wird. Es stellt sich nämlich heraus, daß es aus theoretischen Überlegungen sinnvoll ist, zwischen völlig ungedämpften und gedämpften Schwingungen genau zu unterscheiden.

Bei der Untersuchung freier Schwingungen ist es allgemein üblich, die Dämpfungen zunächst zu vernachlässigen. Damit aber hat man es mit idealisierten, nicht-realen Systemen zu tun, in denen einmal angestoßene Schwingungen nie aufhören. Das idealisierte System hat Eigenfrequenzen und Eigenformen, und genau diese bezeichnen wir als Eigenfrequenzen und Haupt-Eigenformen des realen, also gedämpften Systems.

Dieser vielleicht etwas spitzfindig erscheinende Hinweis bietet dem Schwingungsfachmann doch beachtliche Vorteile, wenn er theoretische Analysen durchführen muß. Dann nämlich werden die Berechnungen von Eigenfrequenzen und Eigenformen nicht durch das Berücksichtigen von Dämpfungen erschwert. Hat man also Eigenfrequenzen und Haupt-Eigenformen für das idealisierte System gefunden, dann kann man sicher sein, daß sie nur wenig von den im realen, gedämpften System beobachtbaren Eigenformen und Eigenfrequenzen abweichen.

Ein aufmerksamer Leser wird feststellen, daß die hier auseinandergesetzten Dinge eine durchaus angenehme Folgerung zulassen: wir sind jetzt nämlich der Notwendigkeit enthoben, genauer definieren zu müssen, was denn eigentlich unter den Begriffen Eigenfrequenz und Eigenform bei abklingenden, also nicht genau sinusförmigen Schwingungen verstanden werden soll; und da dies mehr den Theoretiker als den Praktiker interessiert, haben wir es bisher sorgfältig vermieden, davon zu sprechen.

Wir haben gesehen, daß für jedes schwingungsfähige System eine Folge von Eigenformen existiert, die sich in charakteristischer Weise voneinander unterscheiden. Der Mathematiker sagt, die Eigenformen seien „orthogonal" zueinander und er kann das durch Formeln genau definieren. Für theoretische Untersuchungen hat die „Orthogonalitätsbedingung" enorme Bedeutung; es ist deshalb wichtig zu wissen, daß man sie für die Haupt-Eigenformen idealisierter Systeme viel einfacher anwenden kann, als es für die beobachtbaren Eigenformen in realen, gedämpften Systemen der Fall sein würde.

Der Gedanke, idealisierte ungedämpfte Systeme einzuführen, erlaubt uns nun auch eine einfache Zusammenfassung der bisherigen Ergebnisse: Betrag und Verteilung von Massen und Steifigkeiten in schwingungsfähigen Systemen bestimmen die Haupt-Eigenformen

2.5 Freie Schwingungen in der Technik 59

und die Eigenfrequenzen; jeder Eigenform ist unverwechselbar eine Eigenfrequenz zugeordnet. Reale Systeme mit nicht zu starker Dämpfung lassen sich stets so anregen, daß ihre Eigenformen und Eigenfrequenzen denen des idealisierten Systems ohne Dämpfung nahe kommen; kleine Unterschiede werden durch Reibungswiderstände verursacht.

2.5 Freie Schwingungen in der Technik

Freie Schwingungen kommen häufig vor. Sie werden von Ingenieuren oft dazu benutzt, um aus ihrer Vermessung Informationen über Eigenformen, Frequenzen und Dämpfungen zu gewinnen. Das gilt zum Beispiel für die Erstmuster von Flugzeugen. Hier regt man freie Schwingungen meist durch Zünden von kleinen Sprengladungen an; häufiger allerdings werden die Schwingungen durch ruckartige Steuerbewegungen eingeleitet.

Früher, als alles noch einfacher als heute war, hat man die freien Schwingungen eines Flugzeuges vielfach am Boden durch plötzliches Entlasten angeregt. Dazu wurden die Tragflügel mit Seilen aus der Normallage herausgezogen; die nach plötzlichem Freigeben der Seile ablaufende Bewegung wurde gemessen.

Später werden wir noch von den Biegeschwingungen von Schornsteinen im Wind sprechen. Um Informationen über freie Schwingungen eines Schornsteins zu erhalten, hat man das im Bild 33 gezeigte Verfahren ange-

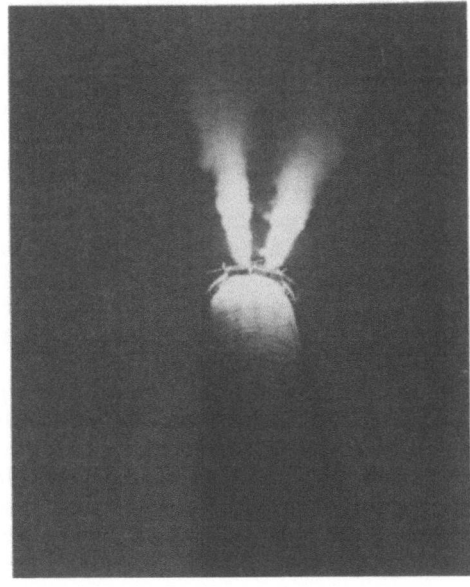

Bild 33
Ein Schornstein, der durch Abfeuern von kleinen, an der Spitze angebrachten Raketen angestoßen wird, um die freien Schwingungen zu untersuchen.

2 Freie Schwingungen

wendet: kleine Rückstoßraketen wurden an der Spitze des Schornsteins abgefeuert und stießen so die freien Schwingungen an.

Man hat beobachtet, daß nach dem Abklingen freier Schwingungen manchmal noch eine ungedämpfte Restschwingung übrig bleibt. Bei solchen Bewegungen handelt es sich aber nicht um freie Schwingungen; sie haben andere Ursachen. Wenn etwa der Motor eines Kraftwagens gestartet oder gestoppt wird, dann torkelt der ganze Maschinenblock. Dieses Torkeln tritt nur beim Anlassen oder Abstoppen, nicht jedoch bei normal laufendem Motor auf. Im Normalbetrieb können dagegen nicht abklingende Rüttelbewegungen auftreten; sie sollen im nächsten Kapitel besprochen werden. Freie Schwingungen – wie beim Starten und Stoppen – können auch bei Änderungen der Motordrehzahl entstehen. So torkelt der Motor zum Beispiel auch beim plötzlichen Beschleunigen. Demnach sind Veränderungen des Betriebszustandes einer Maschine die Hauptursachen für das Auftreten freier Schwingungen. Da sie durch Dämpfung meist rasch abklingen, werden diese Torkel-Schwingungen oft nicht weiter beachtet.

Im nächsten Kapitel werden wir sehen, daß biegsame Wellen bei bestimmten kritischen Umdrehungsgeschwindigkeiten zu Biegeschwingungen angeregt werden können. Beim Anlaufen einer Maschine müssen die Wellen meist diese gefährlichen kritischen Geschwindigkeiten durchlaufen, um die Betriebsdrehzahl zu erreichen. Und wie die Änderung der Drehzahl beim Kraftwagenmotor freie Schwingungen auslöst, so geschieht dies entsprechend auch beim Ändern der Drehgeschwindigkeit von rotierenden biegsamen Wellen. Bei großen Turbo-Rotoren können diese Schwingungen so gefährlich werden, daß man sehr sorgfältig untersuchen mußte, auf welche Weise die Maschinen am sichersten angelassen oder wieder abgebremst werden können.

Bei allen hier genannten Beispielen sind die Ingenieure daran interessiert, die freien Schwingungen kennen zu lernen. Wie schon gesagt, kommt diesem Bewegungstyp grundsätzliche Bedeutung zu: Eigenformen, Eigenfrequenzen und Dämpfungen sind gewissermaßen die Visitenkarte, aus der die dynamischen Eigenschaften abgelesen werden können; sie bestimmen die „dynamische Persönlichkeit" eines Systems. Kennen wir die dynamischen Eigenschaften, dann können wir hoffen, das Verhalten des Systems auch unter anderen Bedingungen vorauszusagen. Kennen wir sie nicht – oder nicht genau genug –, dann stehen wir mit leeren Händen da. Genau dieser Sachverhalt ist es, den wir im größten Teil dieses Buches an Beispielen klarmachen.

Man kann auf verschiedene Weise demonstrieren, daß schwingungsfähige Systeme eine eigene dynamische Persönlichkeit besitzen

– am eindringlichsten vielleicht mit dem tönenden Rohr: man stelle ein Abflußrohr senkrecht auf, stopfe in das untere Ende einen lockeren Pfropfen aus Metallgaze, und erhitze diesen Pfropfen mit einem Bunsenbrenner. Nimmt man den Brenner nach einiger Zeit fort, dann fängt das Rohr zu tönen an. Wichtig ist dabei, daß nicht irgendein zufälliges Geräusch entsteht, sondern ein ganz charakteristischer Klang in bestimmter Tonhöhe, ähnlich einem Orgelton. Demnach müssen Rohr und Luft zusammen ganz bestimmte Schwingungseigenschaften haben, aus denen sich der Ton ergibt: der Schwinger zeigt uns mit diesem Ton seine Visitenkarte. Natürlich müßten Eigenformen und Eigenfrequenzen genauer untersucht werden, wollten wir das merkwürdige Verhalten des tönenden Rohres ganz verstehen.

Wem das Gesagte zu mysteriös klingt, der möge bedenken, daß die dynamische Persönlichkeit eines Systems weitgehend darüber Auskunft gibt, wie sich das System bewegen wird, wenn Anregungen wirken. Man gewinnt jedenfalls den Eindruck, daß mechanische Systeme frei in ihren ganz eigenen, persönlichen Formen und Frequenzen zu schwingen wünschen. Oft können sie es wegen der Dämpfung nicht; sie tun es aber sofort, wenn man ihnen eine Gelegenheit dazu verschafft. Hierfür gibt es – wie wir noch sehen werden – vor allem zwei Möglichkeiten: entweder man ermuntert oder unterstützt ein System in geeignete Weise von außen, oder aber das System schafft sich gerade mit Hilfe seiner Eigenschwingungen einen Weg, eben diese so erwünschten Bewegungen in Gang zu setzen und aufrecht zu erhalten.

2.6 Weitergehende Probleme

Es mag nun der Eindruck entstanden sein, als sei die bisher gegebene Beschreibung der freien Schwingungen so verwickelt, daß weitere Komplikationen kaum noch möglich sind. Dennoch ist es so; wobei man freilich die jetzt zu besprechenden Dinge auch als ergänzende Präzisierungen betrachten kann. Wir wollen einige weitergehende Probleme kurz streifen, ohne dabei zu sehr auf Einzelheiten einzugehen – nur um uns mit ihrem Wesen vertraut zu machen.

Drei wichtige Eigenheiten schwingungsfähiger Systeme haben wir kennengelernt: Massenträgheit, Steifigkeit und Dämpfung. Alle drei können in sehr verschiedener Weise verändert werden. Aber es gibt da schwierige Probleme: so wissen zum Beispiel Marine-Ingenieure, die sich mit Schiffsschwingungen beschäftigen müssen, daß sowohl die für Schiffsbewegungen wichtige effektive Masse, wie auch Steifigkeit und Dämpfung durch das umgebende Wasser vergrößert wer-

2 Freie Schwingungen

den. Entsprechendes gilt übrigens auch für Systeme, die im Innern Flüssigkeiten enthalten. So wird die Berechnung des Schwingungsverhaltens von Raketen durch das Schwappen flüssiger Treibstoffe in den Tanks erheblich erschwert. Aber wir können natürlich hier nicht auf die mathematischen Aspekte dieses sehr komplizierten Problems eingehen.

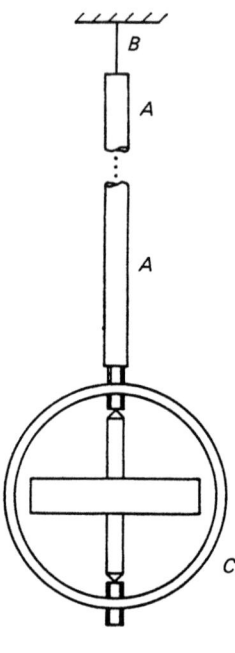

Bild 34

Ungewöhnlich sind auch die Effekte bei solchen Schwingern, bei denen Kreiselkräfte wirken. Das kann man mit Hilfe des in Bild 34 skizzierten Raumpendels zeigen. Der stabförmige Pendelstab A hängt oben an dem kurzen Fadenstück B; am unteren Ende ist ein Spielzeugkreisel C befestigt, der aus einem Rahmen mit darin gelagerten Rotor besteht. Wenn der Rotor nicht läuft, dann schwingt das Pendel bei geeignetem Anstoß frei in einer Vertikalebene, die durch den Aufhängepunkt geht. Bei laufendem Rotor dreht sich jedoch die Schwingungsebene, auch wenn der Anstoß wie zuvor erfolgte. Man kann die entstehende Bewegung sehr schön dadurch sichtbar machen, daß man am tiefsten Punkt des Ringes einen kleinen Salzstreuer befestigt. Die aus der Öffnung gestreuten Salzkörner zeichnen auf einer dunklen Unterlage die von der Pendelspitze durchlaufende Bahn als gut sichtbare Spur auf.

Um diesen Vorgang besser verstehen zu können, verwenden wir den in Bild 35 gezeigten Apparat: eine aus dickem Zeichenpapier geschnittene Scheibe A, die im Bild von der Seite zu sehen ist, wird durch den Elektromotor B mit großer Geschwindigkeit um die horizontale Achse gedreht. Der Motor B ist auf einem Drehtisch C befestigt, der um die vertikale Achse drehen kann. Wenn nun A und C im Sinne der eingezeichneten Pfeile rotieren, dann verbiegt sich die Papierscheibe oben und unten so, wie es im Bild angedeutet ist; kehrt man den Drehsinn des Tisches C um, dann verbiegt sich die Scheibe der gestrichelt eingetragenen Linie entsprechend. Wenn nun C Drehschwingungen um die Vertikale ausführt, dann folgen daraus bei der Scheibe Biegeschwingungen um eine horizontale Achse, die senkrecht zur Zeichenebene steht. Diese Achse ist demnach senkrecht zu

2.6 Weitergehende Probleme

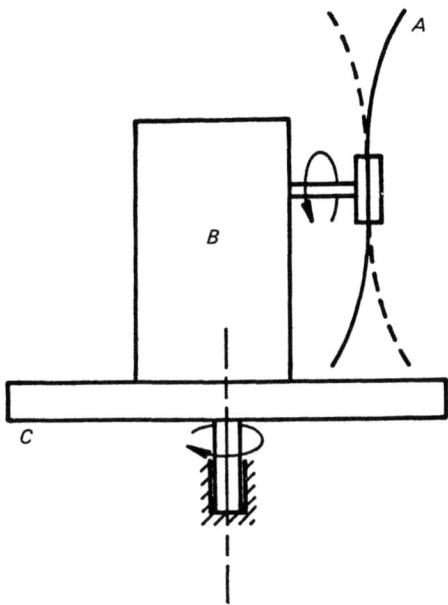

Bild 35

den Drehachsen von A und C. Dieser überraschende Effekt ist letztlich auch dafür verantwortlich, daß sich die Schwingungsebene des Kreiselpendels von Bild 34 dreht.

Schließlich sollen noch zwei weitere Komplikationen erwähnt werden, die mit der Dämpfung zusammenhängen. Zunächst kann man feststellen, daß die bisherigen einfachen Ergebnisse bei Vorhandensein starker Dämpfungskräfte nicht mehr gelten. Die Aussage, daß Eigenformen und Eigenfrequenzen durch Dämpfungskräfte kaum beeinflußt werden, stimmt dann nicht mehr. Allerdings kann man das nicht so leicht im Versuch zeigen, weil Schwingungen bei starker Dämpfung rasch zur Ruhe kommen. Aber dieser Hinweis zeigt jedenfalls, daß man über die Bedeutung der Begriffe Eigenform und Eigenfrequenz bei stark nicht-sinusförmigen Bewegungen genauer nachdenken muß.

Eine zweite Komplikation durch Dämpfung ist vielleicht noch einschneidender: bisher haben wir aufgrund einfacher Versuche angenommen, daß das durch Reibungswiderstände bedingte Abklingen für jede der Teilbewegungen oder Eigenschwingungen des Systems unabhängig von den anderen Teilbewegungen vor sich geht. Das muß aber nicht notwendigerweise so sein.

Um klar zu machen, was dies bedeuten kann, denken wir an einen Schiffsantriebs-Mechanismus. Man kann zeigen, daß die Torsions-Hauptschwingungen in der Welle eines Dieselmotors mit Fluidkupplung in zwei getrennte Gruppen zerfallen. Vor der Kupplung hat man den Dieselmotor, dahinter ein Getriebe, Schraubenwelle und Schraube. Wenn nun die Dämpfung vernachlässigt wird, um die Eigenformen zu bestimmen, dann wird damit zugleich aber auch die Kopplung zwischen den beiden Teilsystemen aufgehoben. Nun denken wir uns den einen Teil des wiederverkoppelten Gesamtsystems auf irgendeine Weise gerade so ausgelenkt, wie es einer seiner Eigenformen entspricht; dann würde nach der Freigabe des Systems eine höchst undurchsichtige Schwingung entstehen: infolge der Kräfte in der Fluidkupplung würde nämlich nicht nur der andere Teil des Antriebssystems in Bewegung geraten, sondern es würden auch in dem ursprünglich ausgelenkten Teil noch andere Eigenformen angeregt werden. Die Eigenschwingungen sind also über die tatsächlich ja vorhandene Dämpfung gekoppelt. Derartige Effekte, die nicht nur in Systemen mit Fluidkupplung möglich sind, bereiten dem Schwingungs-Analytiker besondere Schwierigkeiten – aber glücklicherweise sind solche Fälle selten.

3 Fremderregte Schwingungen

Ob an Kongo oder Niger
Ist der Schwanz von jedem Tiger
Vom Willen bewegt,
Also fremderregt.

*Yes, I like to see a tiger
From the Congo or the Niger,
And especially when lashing of his tail.*

Wir können verschiedene Arten von Schwingungen unterscheiden. Hier soll jetzt von den fremderregten oder erzwungenen Schwingungen gesprochen werden. Sie entstehen dadurch, daß irgendeine periodische Störung von außen auf ein schwingungsfähiges System einwirkt. Kennzeichnend für diese Art von Schwingungen ist die Tatsache, daß die erregende Störung unverändert vorhanden ist, gleichgültig, ob das System schwingt oder nicht.

3.1 Resonanz

Wenn eine sinusförmig mit irgendeiner Frequenz pulsierende Kraft auf ein schwingungsfähiges System einwirkt, dann schwingt auch das System sinusförmig mit eben dieser Frequenz. Die Gleichheit der Frequenzen ist charakteristisch für erzwungene Schwingungen.

Auch bei den in Kapitel 1 beschriebenen Schaukel- oder Starr-Körper-Bewegungen handelt es sich häufig um erzwungene Schwingungen. Das auf den Wellen tanzende Boot hat dieselbe Frequenz wie die wegen der Wellenbewegung pulsierende Auftriebskraft. Entsprechendes gilt auch für die durch Unwuchten ausgelösten Schwingungen des Versuchsrotors: Erregerkraft und erzwungene Schwingungen haben die gleiche Frequenz. Warum aber wurde dann die Schaukelbewegung gesondert besprochen? Der Grund hierfür kann vor allem in dem Unterschied der Frequenzen gesehen werden: die Frequenzen von Kräften, durch die merkliche Schaukelbewegungen angeregt werden, sind im allgemeinen erheblich kleiner, als die Frequenzen von freien, mit Verformungen verbundenen Eigenschwingungen desselben Systems.

3 Fremderregte Schwingungen

Man kann das schon erwähnte Boot mit einem Hammer in geeigneter Weise anschlagen. Es wird dann Eigenschwingungen ausführen, die jedoch wegen der starken Dämpfung rasch abklingen. Auch die niedrigste Frequenz derartiger Eigenschwingungen ist immer noch viel höher als die Schaukelfrequenz, mit der das Boot auf den Wellen auf und ab tanzt. Und was die Schwingungen der Rotorwelle von Bild 22 betrifft, so werden wir im Kapitel 3.4 noch ausführlicher davon zu sprechen haben.

Erregt man ein System periodisch mit einer der Eigenfrequenzen, dann spricht es bereitwillig darauf an. Deshalb sind stets heftige Schwingungen zu erwarten, wenn die pulsierende Erregung genau oder sehr angenähert im Takte der Eigenfrequenz erfolgt. Diesen, zu verstärkter Systembewegung führenden Effekt bezeichnet man als „Resonanz". Der Unterschied zwischen der früher besprochenen erzwungenen Starr-Körper-Bewegung und einer erzwungenen Resonanzschwingung kann einfach in dem für beide Fälle sehr unterschiedlichen Verhältnis von Erregerfrequenz und niedrigster Eigenfrequenz gesehen werden.

Die in Bild 36 gezeigte Rahmenkonstruktion ist aus Metallstäben zusammengeschweißt; sie bildet ein einfaches Fachwerk. Ein an einem der Stäbe befestigter kleiner Elektromotor trägt auf seiner Welle eine Scheibe mit Unwuchtmasse. Wenn man den Motor in Gang setzt und seine Geschwindigkeit allmählich steigert, dann kann man nacheinander die erste, die zweite, die dritte usw. Eigenschwingung des Rahmens beobachten. Deutlich sind die Eigenformen im Schatten-

Bild 36
Rahmenfachwerk, das erzwungene Schwingungen ausführt, wenn ein darin befestigter Elektromotor mit Unwucht in Gang gesetzt wird. Durch Verändern der Motordrehzahl kann eine ganze Folge von Eigenformen zur Resonanz gebracht werden.

3.1 Resonanz   67

bild an der Projektionswand zu erkennen, weil die in Resonanz schwingenden Stäbe verwischt erscheinen. Ein interessanter Hinweis: die Berechnung der Eigenfrequenzen dieses konstruktiv noch sehr einfachen Fachwerks macht dennoch sehr viele Mühe. Wollte man etwa die ersten sechs Eigenfrequenzen und Eigenformen ausrechnen, dann müßte dafür bereits ein größerer Computer eingesetzt werden.

Der Fachwerkrahmen wird nur geringfügig zu erzwungenen Schwingungen angeregt, solange die Motordrehzahl in einem Bereich zwischen Null und einem Wert deutlich unter der ersten Eigenfrequenz liegt. Wenn aber die Erregerfrequenz, die in unserem Falle ja gleich der Motordrehzahl ist, bis zu den Werten der Eigenfrequenzen gesteigert wird, dann schaukeln sich die für erzwungene Schwingungen typischen Resonanzen auf.

Um die Gleichheit von Eigen- und Erreger-Frequenz im Resonanzversuch zu erreichen, wurde die Erregerfrequenz entsprechend eingestellt. Man kann aber auch umgekehrt verfahren und die Eigenfrequenz verändern, obwohl dazu das schwingende System verändert werden muß. Um das zu demonstrieren, verwenden wir eine Stimmgabel, die über das oben offene Ende eines schlanken, teilweise mit Wasser gefüllten Rohres gehalten wird. Die über dem Wasserspiegel im Rohr befindliche Luftsäule kann schwingen; ihre Eigenfrequenz wird durch Anheben oder Senken des Wasserspiegels verändert. Gibt man nun der Luftsäule durch Anpassen der Höhe des Wasserspiegels gerade die der Stimmgabelfrequenz entsprechende Eigenfrequenz, dann hört man den Ton der Stimmgabel deutlich verstärkt. Wir werden später noch bei anderen Fällen Möglichkeiten für solche Abstimmungen kennenlernen.

Erzwungene Schwingungen können auf sehr verschiedene Weise angeregt werden. So wird zum Beispiel das Schütteln in der Nähe eines Schiffshecks durch hydrodynamische Kräfte bewirkt, die infolge der in der ungleichförmigen Umströmung des Schiffskörpers drehenden Schraubenblätter entstehen.

Eine völlig andere Art der Erregung kommt in Pelton-Turbinen vor. Diese Wasserturbinen besitzen ein sorgfältig konstruiertes Rad, das an seinem Rande Schaufelschalen von ganz bestimmter Form trägt. Ein meist mit großer Geschwindigkeit tangential zum Radumfang gerichteter Wasserstrahl prallt gegen die Schaufeln und treibt so das Rad an. Jede Schaufel wird auf diese Weise periodisch durch den Strahl beaufschlagt. Wenn die Frequenz dieser Stöße oder die Frequenz einer der Komponenten dieser keineswegs sinusförmig verlaufenden Erregerkraft mit einer Eigenfrequenz der Schaufel zusammen-

3 Fremderregte Schwingungen

fällt, dann kann die Schaufelschale so heftig ins Schwingen geraten, daß sie bricht. Tatsächlich ist so etwas einige Male geschehen. Resonanzschwingungen sind auch eine der Ursachen für Schaufelbrüche in Turbo-Maschinen. Jede Rotorschaufel streicht periodisch nach bestimmten Zeitintervallen an jedem Punkt des feststehenden Leitschaufelkranzes vorbei, so daß sie während des Umlaufs periodisch von den zwischen den Leitschaufeln strahlartig herausströmenden Fluiden oder Gasen beaufschlagt wird. Dabei sind Resonanzschwingungen möglich.

Die Tatsache, daß erzwungene Schwingungen meist nur im Resonanzfall feststellbar große Amplituden haben, kann man sich auch zunutze machen. Das soll am Beispiel eines Resonanz-Tests für das Flugzeug VC-10 erklärt werden, von dem in Bild 37 ein Foto zu sehen ist.

Bild 37 Boden-Resonanz-Test eines Flugzeugs. Die Flugzeugzelle wird durch elektrische Kraftgeber mit genau einstellbarer Frequenz beaufschlagt. Dadurch werden verschiedene Schwingungsformen zur Resonanz gebracht und durch Meß-Aufnehmer registriert. (Courtesy Vickers-Armstrong [Aircraft] Ltd.)

3.1 Resonanz

An geeigneten Stellen des Flugzeugs sind Rüttel-Kraftgeber angebracht worden, durch die die Flugzeugzelle angeregt wird. Wenn die Rüttelfrequenz bei langsamem Verändern mit einer der Eigenfrequenzen zusammenfällt, dann wird die erzwungene Schwingung durch Resonanz verstärkt und kann dann leicht gemessen werden. Mit der Rüttelfrequenz hat man sofort auch die Eigenfrequenz gefunden. Die zugehörige Eigenform wird durch Ausmessen der Deformationen bestimmt. Bei der VC-10 hat man den Frequenzbereich von 0–100 Hz durchfahren und dabei im Teilbereich zwischen 0–25 Hz etwa 30 Eigenschwingungen gefunden.

Bild 38 zeigt einen bei dem Test erhaltenen Meßschrieb. Auf der horizontalen Achse ist die Erregerfrequenz, auf der vertikalen Achse die Schwingungsamplitude aufgetragen. Jeder Spitze der Meßkurve entspricht eine Eigenfrequenz des Systems.

Aus verschiedenen Gründen erweist sich sowohl die Theorie wie auch die Praxis von Resonanz-Tests als unerwartet schwierig. Man kann sich leider nicht immer auf die Meßschriebe wie in Bild 38 ver-

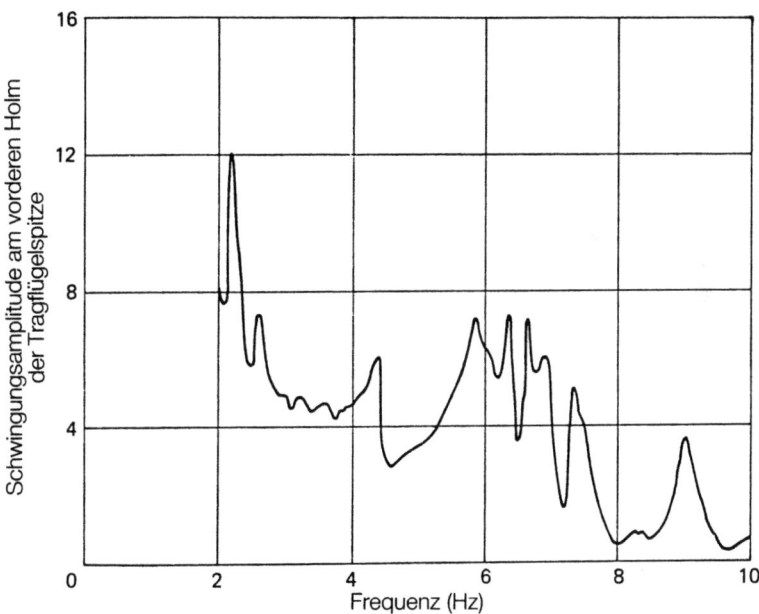

Bild 38

lassen, und wendet deshalb zusätzlich auch noch andere Verfahren an. Einer der Gründe dafür ist die Tatsache, daß die Eigenfrequenzen eines Flugzeugs manchmal dicht beieinander liegen. Es ist dann ohne besondere Vorkehrungen ausgeschlossen, eine der Eigenformen allein anzuregen, ohne zugleich die benachbarte merklich mitschwingen zu lassen. Außerdem hat sich herausgestellt, daß infolge der Strukturdämpfung der Zelle bei Anregung einer Eigenform Dämpfungskräfte geweckt werden, die wiederum andere Eigenformen anfachen können. Eine dritte Schwierigkeit schließlich ist durch die Komplexität des Problems und durch die Fülle der Meßdaten bedingt: bei dem in Bild 37 gezeigten Test wurden 150 Meß-Aufnehmer auf der ganzen Zelle verteilt, Meßschriebe wurden nach Frequenzänderungen von jeweils fünf Prozent aufgenommen: eine wahre Datenflut also!

Man kann Resonanzerscheinungen außer bei einem Resonanztest auch sonst noch nützlich und meist einfacher ausnützen. Um zum Beispiel ein Sieb zu schütteln, braucht man es nur so auf Federelementen zu montieren, daß die gewünschte Eigenschwingung in Resonanz mit der Antriebsfrequenz ist.

Zusammenfassend können wir also feststellen, daß pulsierende Erregerkräfte stets Schwingungen mit der Frequenz dieser Erregung anfachen. Wenn die Erregerfrequenz zufällig mit einer der Eigenfrequenzen zusammenfällt, dann gibt es durch Resonanz verstärkte Schwingungsausschläge. Eine genauere Theorie dieser Phänomene kann mühsam sein, insbesondere wenn das betrachtete System zwei oder mehr Eigenfrequenzen besitzt.

3.2 Wie kann man erzwungene Schwingungen unterdrücken?

Wenn – wie wir gesehen haben – Resonanzen manchmal auch ganz nützlich sind, häufiger noch sind sie eine Plage. Denken wir zum Beispiel an das Rahmenfachwerk von Bild 36 und stellen wir uns vor, daß es als Traggerüst für irgendeine Maschine dienen soll. Dann werden bei nicht ausgewuchteter Maschine unweigerlich Resonanzschwingungen angeregt. Der Konstrukteur kann nun bei Kenntnis von Erreger- und Eigenfrequenzen sehen, ob Resonanzen zu befürchten sind oder nicht. Deshalb muß man die Eigenfrequenzen des Rahmens berechnen. Aber was ist mit den Eigenformen? Auch die sind wichtig: einerseits lassen sich Eigenformen und Eigenfrequenzen meist gemeinsam in einem Rechnungsgang bestimmen, andererseits aber kann man aus den Eigenformen erkennen, an welcher Stelle des Rah-

3.2 Wie kann man erzwungene Schwingungen unterdrücken?

mens die Maschine aufgestellt werden muß, damit Schwingungen bestimmter Frequenzen möglichst wenig stören.

Erwartungsgemäß sind bei gleichbleibender Stärke der Erregung die Resonanz-Schwingungen in einem System um so schwächer, je stärker die Dämpfung ist. Das im Bild 36 gezeigte Fachwerk bildet hier freilich einen Extremfall. Wenn es sich etwa um das Stahlskelett eines Gebäudes handelt, dann ist zu erwarten, daß die Dämpfung durch das füllende Mauerwerk wesentlich vergrößert wird, so daß erzwungene Schwingungen klein bleiben. Diese Tatsache bewahrt vermutlich viele Gebäude davor, als unwohnlich zu gelten. Das Mauerwerk vergrößert aber nicht nur die Dämpfung, sondern führt zugleich auch zu Veränderungen der Frequenzen.

Bei einigen technischen Konstruktionen – zum Beispiel bei Hängebrücken – ist die Dämpfung ziemlich gering. Hier können schon pulsierende schwache Kräfte zu gefährlichen Resonanzschwingungen führen. Damit läßt es sich erklären, daß man bei Schwingungsuntersuchungen an Brücken gelegentlich einen Trupp im Gleichschritt marschierender Soldaten zur Anregung der Schwingungen eingesetzt hat. Man muß da sehr vorsichtig sein. Normalerweise sollten auch kleine Trupps stets ohne Gleichschritt, deshalb auch ohne klingendes Spiel über Brücken gehen. Wenn aber einmal die Soldaten mit Gleichschritt im Takt der Eigenfrequenz marschieren, dann kann eine Brücke einstürzen. Das ist 1831 in Manchester tatsächlich geschehen, als ein Trupp von 60 Mann die Broughton-Hängebrücke über den Irwell-Fluß zum Einsturz brachte. Außerdem ist 1868 in Chatham eine Fachwerkbrücke eingestürzt, als ein Trupp der Royal Marines darüber marschierte. Die schlimmste Katastrophe dieser Art ereignete sich jedoch 1850, als etwa 500 Mann eines französischen Infanterie-Bataillons die Angers-Hängebrücke zum Einsturz brachten: die Brückenteile stürzten in eine Schlucht, und 226 Soldaten fanden den Tod.

Zwei verschiedene Verfahren sind vorgeschlagen worden, um unerwünschte Resonanzschwingungen zu reduzieren: erstens kann man das System so verstimmen, daß die Eigenfrequenzen aus dem möglichen Bereich der Erregerfrequenzen herausfallen, zweitens aber kann man die Dämpfung vergrößern. Eine dritte Möglichkeit soll später genauer erklärt werden; sie besteht darin, heftige Schwingungen an Stellen des Systems zu verlagern, an denen sie kein Unheil anrichten können. Zweifellos bringt die erstgenannte Methode am meisten Wirkung. Leider aber läßt sie sich nicht immer anwenden, da die möglichen Erregerfrequenzen häufig einen weiten Bereich überdecken. Das gilt zum Beispiel für den Kraftwagenmotor. Dennoch erkennt man aus diesen Überlegungen, wie wichtig es ist, die durch

3 Fremderregte Schwingungen

Veränderungen von Steifigkeiten und Massen möglichen Verschiebungen der Eigenfrequenzen eines Systems berechnen zu können. Wenn auch an dieser Stelle spezielle theoretische Fragen nicht ausführlicher diskutiert werden können, so sollte doch auf eine gewisse Annehmlichkeit hingewiesen werden: wollte man – um Resonanz zu vermeiden – Eigenfrequenzen durch eine Veränderung der Dämpfung merklich verschieben, dann müßte der Betrag der Dämpfung so groß gemacht werden, daß ohnehin keine starken Resonanzschwingungen entstehen könnten. Bei der Berechnung der Eigenfrequenzen darf man deshalb die Dämpfung völlig vernachlässigen.

Falls sich Resonanzprobleme nicht durch Verstimmen lösen lassen, dann müssen Dämpfer eingesetzt werden. Bekannt ist beispielsweise der „Lanchester-Dämpfer", der an den Kurbelwellen von Motoren angebracht wird. Durch Hinzufügen eines Dämpfers wird das System natürlich erweitert und damit verändert. Darauf müssen wir später noch einmal zurückkommen. Bei dem Lanchester-Dämpfer wird Schwingungsenergie durch Reibung vernichtet, wenn eine mit der Welle umlaufende Zusatzmasse Relativschwingungen gegenüber der Kurbelwelle ausführt. Dabei ist es wichtig, daß die Dämpfermasse an der richtigen Stelle angebracht wird. Würde sie in einem Schwingungsknoten sitzen – wie etwa in der Mitte eines Ziehharmonikabalges –, dann würde sie gar nicht schwingen und könnte, unabhängig von der sonstigen Stärke der Kurbelwellenschwingungen, auch keine Energie vernichten. Auch hieraus erkennt man, wie wichtig es ist, die Eigenformen zu kennen.

3.3 Erregung durch periodisches Verschieben

Wenn der Aufhängepunkt eines Schwerependels periodisch hin und her verschoben wird, dann gerät das Pendel ins Schwingen, und zwar mit der Frequenz der Hin- und Her-Bewegung des Aufhängepunktes. Das sind erzwungene Schwingungen, verursacht durch periodisches Verschieben.

Manchmal schwingen kleinere Teile in einem Kraftwagen, zum Beispiel der Rückspiegel, recht kräftig, weil der ganze Wagenkasten durch den Motor in Rüttelschwingungen versetzt wird. Da der Rückspiegel klein ist, wirken seine Bewegungen nicht merklich auf den Wagen zurück. Deshalb kann man die Spiegel-Schwingungen sehr einfach berechnen: wir dürfen die Rückwirkung ganz vernachlässigen und also annehmen, daß die Bewegung des Spiegel-Befestigungspunktes durch die Spiegelbewegungen selbst nicht verändert wird.

3.3 Erregung durch periodisches Verschieben

Diese Annahme ist übrigens gleichwertig mit einer schon früher erwähnten Voraussetzung für erzwungene Schwingungen: die Erregerkraft soll unverändert wirken, gleichgültig, ob das System schwingt oder nicht.

Auch beim Rückspiegel können kleine Bewegungen der Befestigungsstelle durch Resonanz zu großen Amplituden an anderen Stellen des Spiegels führen. Diese höchst lästige Erscheinung tritt bei Übereinstimmung von Erregerfrequenz und Eigenfrequenz des Spiegels auf. Eigenfrequenz ist dabei die Frequenz der freien Schwingungen bei nicht bewegter Befestigungsstelle des Spiegels.

Wenn bei Messungen Schwingungsaufnehmer an den Stellen des Systems angebracht werden, deren Bewegung aufgezeichnet werden soll, dann wird auch hier vorausgesetzt, daß die System-Schwingungen nicht durch den Meßvorgang verändert werden. Es würde zu Fehlmessungen führen, hätte man die Meßgeräte so groß gewählt, daß sie die Bewegung des zu messenden Systems merklich beeinflussen.

Bild 39 zeigt, wie ein einfaches Schwingungsanzeigegerät eingesetzt wird: das Meßgerät trägt eine einseitig eingespannte Metallzunge, deren freie Länge verändert werden kann, um auf diese Weise die Grund-Eigenfrequenz zu verschieben. Wenn beispielsweise einer Zungenlänge, bei der deutliche Resonanzschwingungen angezeigt werden, die Grund-Eigenfrequenz 15 Hz entspricht, dann weiß man, daß der Meßort ebenfalls mit 15 Hz schwingt. Vorausgesetzt wird dabei wiederum, daß das Meßgerät klein gegenüber dem zu messenden System ist. Auch bei diesem, in Bild 39 gezeigten Gerät kommt die Resonanzanzeige durch periodisches Verschieben des Einspannpunktes der Meßzunge, also durch Verschiebe-Erregung zustande. Bei der Anwendung des Zungenfrequenzmessers wird die Eigenfrequenz des Meßgerätes so verändert, daß sie der Erregerfrequenz gleich wird. Es gibt aber auch andere Typen von Meßgeräten, bei denen man sich nicht auf den Resonanzeffekt verläßt, um die zu messende Schwingung vergrößert anzuzeigen.

Die Ventilteller in den Verbrennungsmotoren von Kraftwagen werden durch vorgespannte Schraubenfedern auf die Ventilsitze gedrückt. Jedesmal beim Öffnen des Ventils werden die Federn noch etwas stärker zusammengedrückt. Auch das muß man als eine Anregung von Federschwingungen durch Verschiebe-Erregung betrachten. Wenn dabei Resonanz auftritt, fangen die Ventile an zu stottern; das aber kann zum Bruch der Federn führen. Ein Beispiel dafür wurde bereits in Bild 5b gezeigt.

Mit dem in Bild 24 dargestellten Gleitschiebermechanismus lassen sich verschiedene Effekte demonstrieren, die bei Verschiebe-Erre-

74 3 Fremderregte Schwingungen

Bild 39 Schwingungs-Anzeigegerät mit flexibler Metallzunge, deren Länge verstellbar ist (Zungenfrequenzmesser). Das Gerät wird an die zu untersuchenden Stellen gehalten; dann wird die Einspannung der Zunge solange verstellt, bis deutliche Resonanzschwingungen auftreten. Die zugehörige freie Länge der Zunge ist ein Maß für die Frequenz.

3.3 Erregung durch periodisches Verschieben

gung möglich sind. Das gilt insbesondere für den schon im Kapitel 2.4 erwähnten Fall, daß zwei gleichartige Ketten, von denen die eine in Luft, die andere in Öl schwingen kann, am Gleitstück befestigt werden. Als wir damals die freie Schwingung durch eine in Resonanz angeregte erzwungene Bewegung ersetzten, haben wir einfach von der Tatsache Gebrauch gemacht, das Resonanzschwingungen zu Amplitudenverteilungen führen, die ziemlich genau der Eigenform der zur Resonanz gebrachten freien Schwingung entspricht.

Natürlich gibt es in Wirklichkeit keine vollkommen unbeeinflußbare Erregerbewegung, weil auch eine kleine Zusatzmasse letztlich auf die große Masse zurückwirkt, deren Bewegung zu ihrer Anregung führt. Aber Verschiebe-Anregung kann auch dann vorliegen, wenn keiner der beiden Körper klein ist. Nehmen wir als Beispiel die durch eine Dampfturbine angetriebene Schiffsschraube. Die Turbine läuft mit höherer Drehzahl als die Schraube; ihre Umlaufgeschwindigkeit wird durch ein Getriebe reduziert, dessen Zahnräder im Getriebekasten miteinander im Eingriff stehen. Wenn nun auch nur eines der Zahnräder ungenau gefertigt oder auf der Welle schlecht montiert wurde, dann können während des Betriebs periodische Beschleunigungen oder Verzögerungen der Zahnräder entstehen. Dadurch wiederum werden Torsionsschwingungen der Welle angeregt, die der Rotation überlagert sind. Derartige Schwingungen sind tatsächlich beobachtet worden; sie stören ganz besonders bei Resonanz, wenn die Dreh- oder Eingriffsfrequenzen der Zahnräder mit einer der Eigenfrequenzen des Wellenstranges übereinstimmen. Übrigens stammt die in Bild 5a gezeigte zerbrochene Welle aus einer derartigen Anlage; sie wurde freilich nicht auf einem Schiff, sondern an Land betrieben.

Als Abhilfe gegen unerwünschte Resonanzschwingungen durch Verschiebe-Erregung kann man dieselben Maßnahmen einsetzen wie bei Erregung durch periodische Kräfte. Wir wollen hier an zwei Möglichkeiten erinnern: entweder wird das System verstimmt, oder die Dämpfung wird vergrößert. Ein Alltags-Beispiel für die letztgenannte Methode ist ein kleiner Trick, durch den man angeblich verhindern kann, daß einem der Kaffee in einem schlingernden Eisenbahnwagen aus der Tasse schwappt – eine offensichtlich durch Verschiebe-Erregung erzeugte Bewegungsform. Legt man einen Löffel in die Tasse, dann wird die Dämpfung für das Schwappen durch Wirbelbildung vergrößert. Das jedenfalls behauptet der Theoretiker – ein Praktiker konnte freilich bei sorgfältigen Versuchen im Labor keinen überzeugenden Effekt nachweisen.

3.4 Querschwingungen von Rotorwellen

Wenn die lange dünne Welle von Bild 40 wie eine Klaviersaite quer zu ihrer Längsrichtung schwingt, dann hat sie eine viel niedrigere Eigenfrequenz als es bei Querschwingungen der kurzen dicken Welle von Bild 22 der Fall sein würde. Bei dieser stämmig kompakten Welle kann man sich schwerlich vorstellen, daß sie Biegeschwingungen wie eine Klaviersaite ausführt. Die dünne Welle von Bild 40 ist sicher nicht vollkommen gerade und auch nicht vollkommen homogen, ihre Massenachse stimmt aller Wahrscheinlichkeit nach nicht mit der geometrischen Achse überein. Die Welle ist also unwuchtig und zeigt deshalb beim Hochlaufen eine Tendenz zum Flattern. Trotzdem kann man die Welle ohne Schwierigkeiten bis an oder auch über die erste Eigenfrequenz hochfahren.

Bild 40 Eine dünne Welle, die bei kritischen Drehzahlen Querschwingungen ausführt.

3.4 Querschwingungen von Rotorwellen

Resonanz tritt ein, wenn die Wellendrehzahl, die ja gleich der Frequenz der erregenden Unwuchtkräfte ist, mit einer der Eigenfrequenzen übereinstimmt. Das System wird dann gerade wieder mit einer Frequenz angeregt, in der es selbst gern schwingen möchte. Deshalb schaukelt sich die Welle heftig in die Resonanz ein und fängt zu flattern an. Entsprechendes geschieht immer bei solchen Drehzahlen, die mit irgendeiner der Eigenfrequenzen übereinstimmen. Die Schwingungsform, also die Art des Ausbiegens der Welle hängt davon ab, mit welcher der Eigenschwingungen gerade Resonanz zustande kommt. Man bezeichnet die zu Resonanzen führenden Rotationsgeschwindigkeiten als „kritische Drehzahlen". Die den ersten kritischen Drehzahlen zugeordneten Eigenformen haben ziemlich genau die Gestalt, wie sie in Bild 27 skizziert ist. Übrigens kann man ein Dutzend oder noch mehr kritische Drehzahlen mit ihren Eigenformen sehr eindrucksvoll mit einer Drahtspirale von einigen Metern Länge demonstrieren.

Turbo-Generatoren, wie sie in Kraftwerken verwendet werden, sind oft wahre Monster, deren Rotoren mehr als 70 Tonnen schwer sein können. Bei der Erzeugung von 50-Hz-Wechselstrom dreht sich ein Rotor mit 3000 Umdrehungen in der Minute – in den USA sind es 3600, weil man dort einen 60-Hz-Wechselstrom verwendet. Bild 41a zeigt den Rotor eines 350-Megawatt-Generators, der mit einer Masse

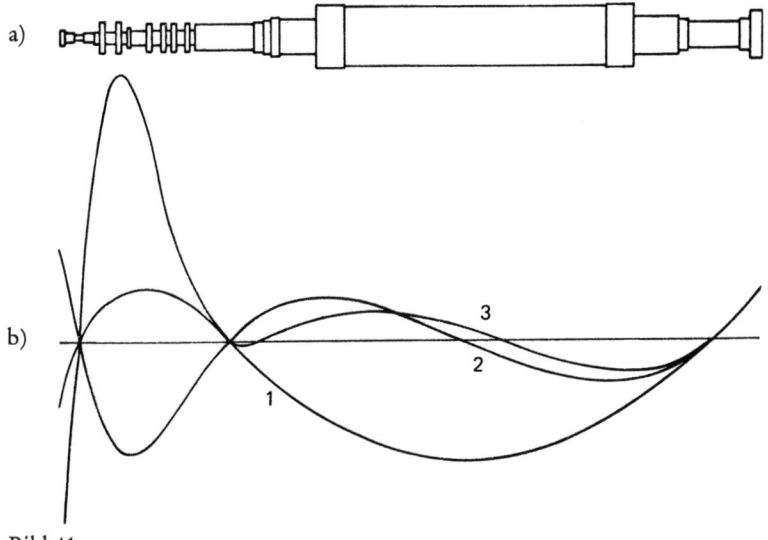

Bild 41

von 60 Tonnen etwa so schwer wie acht leere Londoner Stadtbusse ist. In Bild 41b sieht man seine ersten drei Eigenformen. Da die Frequenzen der ersten beiden Eigenschwingungen kleiner als die Betriebsdrehzahl sind, muß der Rotor beim Hochlaufen zwei kritische Drehzahlen durchfahren. Wenn nun der Rotor dabei so stark ins Flattern kommt, daß er in irgendeiner Form ausbricht, dann können Schäden in Millionenhöhe entstehen und sogar Menschenleben gefährdet werden. Wir werden zwar eines Tages elektrische Energie ohne solche Maschinen durch direkte Umwandlung von Wärmeenergie in Anlagen ohne bewegte mechanische Teile erzeugen können. Aber bis zu einer wirtschaftlichen Nutzung dieses Weges wird noch viel Zeit vergehen. Wenn es aber einmal soweit sein wird, dann kann damit auch eines der schwierigsten und gefährlichsten technischen Schwingungsprobleme aus dem Weg geräumt werden.

Flatterschwingungen von Turbo-Rotoren müssen durch sorgfältiges Auswuchten verhindert werden. Hierzu wird der Rotor in einer gut gesicherten Grube gelagert, wie man sie auch für Festigkeitsversuche bei Drehzahlen über der Betriebsdrehzahl verwendet. In Bild 42 sieht man einen Rotor in solch einer Grube; der schwere Schutzdeckel ist zurückgerollt, Bedienungs-, Ablese- und Registrier-Geräte sind in einem anderen Raum in sicherem Abstand von der Wuchtgrube untergebracht.

Während des Auswuchtvorgangs werden kleine Zusatzmassen an der Oberfläche des Rotors befestigt. Größe und Lage dieser Auswuchtmassen werden aus den Ergebnissen der vorausgegangenen Messungen durch einen Computer errechnet. Man kann den Rotor zunächst bis in die Nähe der ersten kritischen Drehzahl hochlaufen lassen. Aufgrund der dabei gewonnenen Meßergebnisse wird er ausgewuchtet und danach vorsichtig durch die erste bis nahe an die zweite kritische Drehzahl gefahren. Durch ein spezielles Auswuchtverfahren, bei dem von der Tatsache Gebrauch gemacht wird, daß Eigenformen orthogonal zueinander sind, läßt sich dann mit Hilfe der neuen Messungen eine zweite Wuchtung so vornehmen, daß die Ergebnisse des ersten Wuchtvorganges nicht wieder zunichte gemacht werden. Danach kann man dann bis zur dritten kritischen Drehzahl fahren usw. Man bemüht sich zur Zeit noch eifrig darum, die geeignetsten Verfahren für die praktische Durchführung der Wuchtung von großen Rotoren ausfindig zu machen, denn leider ist die Praxis der Auswuchtung nicht ganz so einfach, wie es hier geschildert wurde. Im allgemeinen läßt man große Generator-Rotoren ohne den antreibenden Turbinenteil durch die ersten vier kritischen Drehzahlen bis nahe an die fünfte hochlaufen. Dabei reduziert man die bei den ersten vier kri-

3.4 Querschwingungen von Rotorwellen   79

Bild 42 Rotor eines Generators in einer Testgrube, deren Schutzdeckel zurückgerollt ist. Der Antrieb befindet sich hinter der Rückwand. Im Versuch muß der Rotor sehr vorsichtig bis an die Betriebsdrehzahl – und eventuell auch darüber – hochgefahren werden. Es wäre höchst gefährlich, wenn ein Rotor, wie der hier gezeigte, bei hohen Drehzahlen ins Flattern käme. (Courtesy C. A. Parsons and Co. Ltd.)

tischen Drehzahlen festgestellten Schwingungen wie beschrieben, bemüht sich aber zugleich, gewissermaßen im Vorgriff auch die Schwingungen mit zu erfassen, die erst bei der fünften und sechsten kritischen Drehzahl zum Tragen kommen würden.

3.5 Schwingungen von Teilen eines Systems

Eigenformen und Eigenfrequenzen sind systemtypische Kenngrößen. Wenn man einen Teil des Systems ändert, zum Beispiel eine andere Rotorscheibe auf eine Welle setzt, dann ändern sich Eigenformen und Eigenfrequenzen für das ganze System. Es mag daher verwunderlich erscheinen, daß dem nun zu besprechenden Verhalten von Teilen eines Systems besondere Bedeutung zukommt. Das ist jedoch nicht so sonderbar wie es zunächst aussieht. Betrachten wir als Beispiel wieder ein Flugzeug, dessen Eigenformen und Eigenfrequenzen – wie schon gesagt – durch Resonanzversuche am Boden bestimmt werden können. Tatsächlich aber interessieren die Eigenschaften im Flug, bei dem das Flugzeug in völlig anderer Weise als bei dem Versuch am Boden getragen wird. Man muß deshalb dafür sorgen, daß die Art der Aufstellung am Boden keinen wesentlichen Einfluß auf die Ergebnisse hat. Diese Bedingung kann etwa durch Aufhängen an weichen Federn erfüllt werden, und manchmal läßt man für den Test einfach etwas Luft aus den Reifen des Fahrwerks. Aber man kann auch das Flugzeug selbst als Teil eines Gesamtsystems, bestehend aus dem Flugzeug und den beim Bodentest notwendigen Tragelementen, auffassen.

Manchmal lassen sich Resonanzbewegungen durch Schwingungsdämpfer begrenzen. Wenn eine Maschine heftige, unerwünschte Rüttelbewegungen gerade bei solchen Frequenzen zeigt, bei denen man dies vermeiden möchte, dann kann man die gefährliche Resonanz durch Verschieben der Eigenfrequenz, also durch geeignete Veränderungen im System vermeiden. Es gibt jedoch auch eine andere Möglichkeit: man kann das System durch Hinzufügen einer Vorrichtung erweitern und damit in geeigneter Weise dafür sorgen, daß die heftigen Schwingungen aufhören. Das Ausgangssystem kann dann als Teil eines erweiterten Gesamtsystems aufgefaßt werden.

Die Wirkungsweise einer solchen Zusatz-Vorrichtung, die man als „Schwingungs-Tilger" bezeichnet, läßt sich in besonders eindrucksvoller Weise mit Hilfe des in Bild 43 gezeigten Apparates demonstrieren. Der Motor A treibt eine Welle, an der ein unwuchtiger Arm B befestigt ist. Durch die Unwuchtkräfte wird der die Welle tragende, drehbar gelagerte und durch Federn elastisch gefesselte Lagerbock

3.5 Schwingungen von Teilen eines Systems

Bild 43
Der drehbar gelagerte und elastisch gefesselte Lagerbock C schwingt ohne den Tilger D heftig, wenn die Unwucht B vom Motor A mit einer bestimmten Drehzahl angetrieben wird. Bei aufgesetztem Tilger D bleibt C dagegen fast in Ruhe, während D stark schwingt.

C zu Schwingungen angeregt. In ein kleines, in C befindliches Loch läßt sich nun ein dünner Stab D stecken, an dessen oberem Ende eine kleine Masse befestigt ist. Stab und Masse D bilden den Tilger. Ohne Tilger schwingt der Lagerbock C mit deutlich erkennbarer Amplitude. Wenn man jedoch den Tilger D, wie im Bild gezeigt, einsetzt, dann bleibt C fast in Ruhe, während D heftig schwingt. Bei diesem Versuch muß der Motor mit konstanter Drehgeschwindigkeit laufen, weil der Befestigungsort der Zusatzmasse genau darauf abgestimmt ist. Derartige abgestimmte Tilger können nur für jeweils eine ganz bestimmte Frequenz wirksam eingesetzt werden.

Heutzutage werden Schwingungstilger nicht mehr so häufig verwendet, wie dies früher der Fall gewesen ist. Sie werden manchmal in Kurbelkröpfungen von Verbrennungsmotoren eingesetzt. Hierfür gab es ein sehr interessantes Beispiel: in einigen Luftfahrt-Sternmotoren, wie sie im Zweiten Weltkrieg in Gebrauch waren, hat man zwei große Stahlkugeln in kreisförmigen Rinnen an den Kröpfungen der Welle rollen lassen. Durch Bewegungen dieser Kugeln auf ihren Rollbahnen konnten die Drehschwingungen der Kurbelwelle gedämpft werden, ohne daß die Funktion des Motors dadurch beeinträchtigt wurde.

Auch bei einigen Waschmaschinen werden Schwingungstilger eingesetzt, damit die Vibrationen der Trommel nicht auf das Gehäuse übertragen werden. Ähnlich wirken auch Tilger bei elektrischen Haarschneidemaschinen: die Schwingungen des Messersystems werden durch Tilger so kompensiert, daß die das Gehäuse haltende Hand keine Erschütterungen mehr spürt.

3 Fremderregte Schwingungen

In Bild 44 ist der Mast einer Überlandleitung zu sehen; an den Kabeln hängen jeweils, etwa 1,5 Meter von den Isolatoren entfernt, kleine hantelförmige Gebilde, die man als „Stockbridge-Dämpfer" bezeichnet. Sie vergrößern die Dämpfung der Kabelschwingungen in ähnlicher Weise wie dies auch die bereits besprochenen, bei Kurbelwellen verwendeten „Lanchester-Dämpfer" tun. Wie wir noch sehen

Bild 44 Hantelförmige Stockbridge-Dämpfer werden in der Nähe der Isolatoren an Leitungskabeln befestigt. Ohne diese Dämpfer können winderregte Schwingungen an den stark beanspruchten Befestigungsstellen der Kabel zu Ermüdungsbrüchen führen. (Courtesy B. I. C. C.)

werden, können die Kabel der Überlandleitung durch Windeinwirkung zu Schwingungen mit ziemlich großer Frequenz angeregt werden. Sie unterscheiden sich deutlich von den Pendelungen, wie wir sie bei der Leitungs-Überquerung über den Severn-Fluß (Bild 26) kennengelernt hatten. Die Wirkung der Stockbridge-Dämpfer kommt dadurch zustande, daß die Kabelschwingungen gewissermaßen abgefangen werden und deshalb nicht zu den gefährdeten Befestigungsstellen an den Isolatoren weiterlaufen können. Geringfügige erzwungene Schwingungen dieser billigen kleinen Dämpfer stören dabei nicht. Wieder haben wir hier ein Beispiel vor uns, bei dem ein schwingendes System erweitert wurde, um so sein Verhalten in gewünschtem Sinne zu beeinflußen.

Wir hatten bereits gesehen, daß Eigenfrequenzen und Eigenformen große Bedeutung haben. Deshalb wollen wir hier noch einmal kurz darauf zurückkommen und daran erinnern, daß die Dämpfung bei der Berechnung von Eigenformen und Eigenfrequenzen üblicherweise vernachlässigt wird. Wenn nun ein ungedämpftes System frei

3.5 Schwingungen von Teilen eines Systems

schwingt, dann kann man die Bewegungen irgendeines Teiles davon als erzwungene Schwingung auffassen, obwohl auf das Gesamtsystem keinerlei äußere Erregung einwirkt. Die Bewegung der betrachteten Systemteile entsteht nämlich durch die Wirkungen der benachbarten Systemteile, von denen wir das gerade betrachtete Teilstück in Gedanken abgetrennt haben. Aus solchen Überlegungen folgt aber, daß die Untersuchung der freien Schwingungen eines in Teilsysteme zerlegt gedachten Gesamtsystems eng mit der Frage nach den erzwungenen Schwingungen der Teilsysteme zusammenhängt. Was mit dieser Bemerkung gemeint ist, läßt sich am besten gerade an dem konkreten technischen Problem erklären, durch das diese Überlegungen ausgelöst worden sind.

Ein Flugzeug-Kolbenmotor arbeitet nur bei ziemlich hohen Drehzahlen mit gutem Wirkungsgrad, die Luftschraube ist dagegen bei relativ geringen Drehzahlen effektiv. Deshalb setzt man zwischen beide ein Getriebe. Das Gesamtsystem Motor – Getriebe – Luftschraube kann Torsionsschwingungen ausführen, und diese Tatsache mußte zur Zeit der Kolbenmotorantriebe sorgfältig berücksichtigt werden. Natürlich konnte man die Eigenfrequenzen des Systems nicht ohne hinreichende Kenntnisse der Teilsysteme berechnen. Die notwendigen Informationen kamen von den Herstellern einerseits von Motor und Getriebe und andererseits der Luftschraube; sie bezogen sich auf das Verhalten der betreffenden Teilsysteme gegenüber erzwungenen Schwingungen. Durch geschickte Kombination dieser Teilinformationen war es nun aber möglich, Eigenfrequenzen und Eigenformen für die freien Schwingungen des Gesamtsystems zu berechnen. Bei diesem Verfahren kann es für bestimmte Systeme zweckmäßig oder auch notwendig sein, die Eigenschaften des einen Teilsystems durch Rechnung, die eines anderen aber durch Versuche zu bestimmen.

Der Grundgedanke, bei der Schwingungsanalyse ein System als in Teilsysteme zerlegt zu denken, hat enorme Bedeutung gewonnen, ja er bildet die Grundlage einer allgemeinen Theorie des dynamischen Verhaltens. Kehren wir einen Augenblick zu der Pelton-Turbine zurück: jede Schaufel des Pelton-Rades wird in bestimmten Zeitabständen periodisch vom Wasserstrahl getroffen. Will man die dadurch möglichen Erregungen abschätzen, dann muß man die niedersten Eigenfrequenzen der Schaufeln ermitteln. Dabei könnte man der Versuchung erliegen, die am Radkranz verstifteten Schaufeln als fest eingespannt zu betrachten, und mit dieser Annahme die Eigenfrequenzen zu berechnen. Das aber kann zu Fehlern führen, da das Rad selbst, zumindest bei einigen Frequenzen, nicht mehr als starr angesehen werden darf, da es seinerseits freie Schwingungen ausführt.

84 3 Fremderregte Schwingungen

Bevor man ein System berechnet, muß genau definiert werden, wie es abgegrenzt werden soll. Insbesondere müssen die an den Grenzen des Systems zur Umgebung herrschenden Bedingungen genau formuliert werden. Eine solche Aufgabe ist leicht, wenn es sich um einen frei im Weltraum schwebenden und in sich schwingenden Körper handelt. In jedem anderen Falle jedoch, sogar beim Schweben in Luft, treten beachtliche Schwierigkeiten auf. Das ist einer der Gründe, weshalb sich Schwingungsfachleuchte nicht nur mit den Bewegungen des ganzen Systems, sondern vor allem auch mit den erzwungenen Schwingungen von Teilsystemen beschäftigen müssen.

3.6 Allgemeine periodische Erregungen

Bei den Betrachtungen dieses Kapitels haben wir bisher angenommen, daß die pulsierende Störkraft, also die Erregung, sinusförmig verläuft. Wenngleich man damit den wirklichen Verhältnissen im allgemeinen recht nahekommt, reicht das doch nicht immer aus. Die Erregung kann auch als eine sich periodisch wiederholende, aber nicht sinusförmig verlaufende Störung auftreten, wie etwa beim Pelton-Rad, oder sie kann regellos erfolgen. Hier soll zunächst der erstgenannte Fall untersucht werden, über den zweiten werden wir später sprechen.

Bevor nun der Fall einer regelmäßig sich wiederholenden periodischen, aber nicht sinusförmigen Störung betrachtet wird, soll zunächst als Beispiel noch ein schwingungsfähiges System erwähnt werden, bei dem sie vorkommt. Es ist so bekannt, daß wir seine Bedeutung hier nicht erst zu erklären brauchen. Bild 45 zeigt einen einfachen Pleuelstangen-Mechanismus. Der Kurbelarm A dreht sich in Pfeilrichtung; an ihm ist das eine Ende der Pleuelstange B drehbar gelagert, während das andere Ende am Kolben C ebenfalls drehbar angelenkt ist. Der Kolben kann im Zylinder D hin und her gleiten. Man erkennt sofort, daß ein gleichmäßig drehender Arm A zu einer periodischen Kolbenbewegung führt, deren Frequenz durch die Rotations-

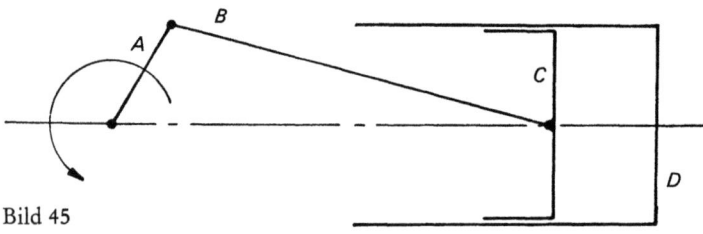

Bild 45

3.6 Allgemeine periodische Erregungen

geschwindigkeit vorgegeben ist. Die Kolben-Schwingung ist aber nicht sinusförmig. Vielmehr wird die Kurve des Kolbenweges in Abhängigkeit von der Zeit nur dann fast sinusförmig, wenn die Pleuelstange B sehr viel länger als der Kurbelarm A, also das Verhältnis

$$\frac{\text{Länge von B}}{\text{Länge von A}}$$

sehr groß gemacht wird. Darauf folgt aber, daß jede Kraft, die von der Stellung des Kolbens abhängt, wie etwa die Trägheitskraft des Kolbens oder die Kraft vom Kolben auf den Gelenkzapfen zwischen C und B, periodisch, aber nicht sinusförmig verläuft. Wir werden im Kapitel 6 noch sehen, daß es im täglichen Leben noch zahlreiche andere Kräfte dieser Art gibt.

Die periodischen Erregungen mit allgemeinerem Verlauf bringen keine grundsätzlich neuen Probleme, höchstens gewisse Komplikationen mit sich. Wir hatten ja bereits im Kapitel 1.3 gesehen, daß eine periodische Wellenkurve stets als Summe von sinusförmigen Komponenten angesehen werden kann, von denen jede ihre eigene Amplitude und Frequenz hat. Das gilt natürlich auch für die periodischen Erregerkurven, die wir jetzt untersuchen wollen: sie können stets als eine Überlagerung von verschiedenen, gleichzeitig wirkenden Sinus-Erregungen betrachtet werden. Jede der Teil-Erregungen kann zu Resonanzerscheinungen führen, wie wir sie zuvor schon beschrieben haben.

Eine interessante Folgerung ergibt sich nun aus einem Effekt, den wir als „selektive Resonanz" bezeichnen wollen: die Wellenform der Systemantwort, also die Kurve der erzwungenen Schwingungen eines Systems, kann sehr verschieden von der Wellenform der sie erzeugenden Erregung sein. Nehmen wir beispielsweise an, daß eine pulsierende Erregerkraft durch die in Bild 46a gezeigte Kurve dargestellt wird; diese fast sägezahnförmige Kurve ist durch Überlagerung der drei in 46b skizzierten, sinusförmig verlaufenden Komponenten entstanden. Jede dieser Komponenten regt im System eine erzwungene Schwingung an; die drei Teilantworten mögen die in 46c skizzierten Amplituden haben. Durch Vergleich mit 46b stellt man fest, daß die Komponente mit der mittleren der drei Frequenzen fast in Resonanz ist und deshalb verstärkt zur Wirkung kommt. Addiert man nun die Kurven von 46c, dann erhält man eine Gesamtantwort des Systems, wie sie 46d zeigt. Ihre Wellenform hat nur wenig Ähnlichkeit mit der Wellenform der Erregung.

86   3 Fremderregte Schwingungen

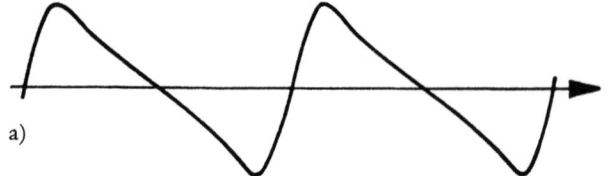

a)

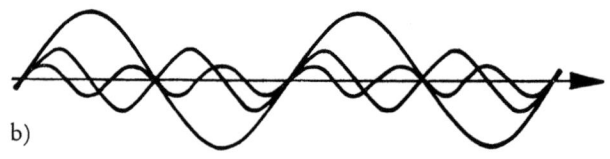

b)

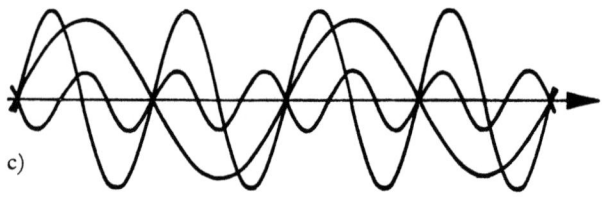

c)

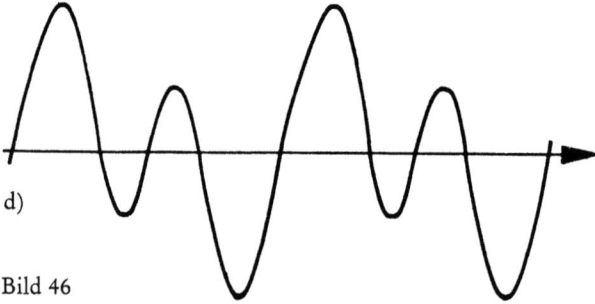

d)

Bild 46

3.6 Allgemeine periodische Erregungen

Die Situation kann sogar noch erheblich komplizierter werden als es hier geschildert wurde, weil theoretisch jede Komponente der Erregung mit jeder der Eigenschwingungen des Systems zur Resonanz kommen kann. Tatsächlich gibt es auch keinen Grund, weshalb nicht zwei oder mehr Erregerkomponenten gleichzeitig Resonanzen mit verschiedenen der möglichen Eigenschwingungen hervorrufen sollten. Das kann mit dem in Bild 47 abgebildeten Apparat gezeigt werden. Der Elektromotor A betätigt über den Nocken B einen Schalter, durch den zwei Elektromagnete D ein- oder ausgeschaltet werden. Die Magnete ziehen das obere Glied einer Kette C sprunghaft hin und her. Für die hängende Kette ist das eine durch Verschieben erzeugte Zwangserregung mit einer Wellenform, die ziemlich genau rechteckförmig ist (Bild 11a); ihre Frequenz kann durch Einregeln der Drehgeschwindigkeit des Motors verändert werden. Wie im Bild 11 gezeigt wurde, haben die Komponenten der Rechteck-Erregung

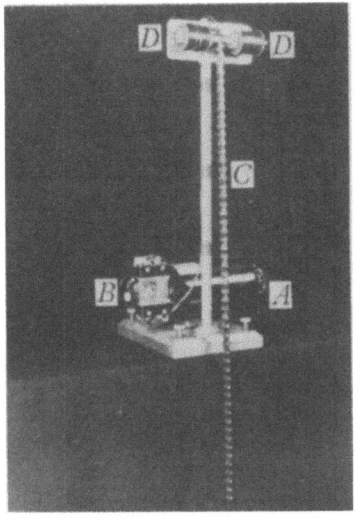

Bild 47
Das oberste Glied einer hängenden Kette C kann durch Elektromagnete D ruckartig von einer Seite zur anderen geschleudert werden. Die Frequenz des Umspringens wird durch einen regelbaren Motor A über den Nocken B verändert. Im Versuch wird gezeigt, daß Komponenten der Erregung mit irgendeiner der Eigenschwingungen der Kette in Resonanz kommen können.

Frequenzen, die um den Faktor 3, 5, 7, ... gegenüber der Grundfrequenz verändert sind. Wenn man nun den Motor vorsichtig einregelt, dann läßt sich die Kette deutlich erkennbar zum Beispiel in der Eigenform von Bild 25b anregen, wobei die Frequenz dreimal größer als die Schaltfrequenz ist. Dann ist also die Komponente mit der dreifachen Grundfrequenz der Rechteckerregung in Resonanz mit der zweiten Eigenform der hängenden Kette.

3.7 Zufallsschwingungen

Wenn man in einer turbulenten Gasströmung an irgendeiner Stelle den Druck mißt, zum Beispiel an einem Wärmetauscher, dann stellt man fest, daß er in regelloser Weise, etwa wie in Bild 48a skizziert, schwankt. Ähnlich sehen auch die Kurven aus, durch die die Oberfläche einer holprigen Straße dargestellt werden kann. Die Druckschwankungen rufen Erschütterungen in der Rohrleitung hervor, während die Unebenheiten der Straße eine Verschiebe-Erregung für die über sie fahrenden Kraftwagen bedeuten. Diese alltägliche Bewegungsart wird üblicherweise als eine erzwungene Schwingung aufgefaßt, weil die Erregung vorhanden ist, unabhängig davon, ob Schwingungen angeregt werden oder nicht.

Bevor wir nun die Systemantworten diskutieren, muß zunächst etwas über die Erregung selbst gesagt werden. So komplizierte Kurven wie in Bild 48a können meist nur mit beträchtlichem Aufwand an Meßgeräten hinreichend genau registriert werden. Aber unabhängig davon, ob die Erregung kompliziert ist oder nicht, der Ingenieur muß sich in jedem Falle Gedanken darüber machen, wie sich die resultierenden Zwangsschwingungen möglichst klein halten lassen. Um diese Frage beantworten zu können, sind sogenannte Mittelungs-Verfahren entwickelt worden.

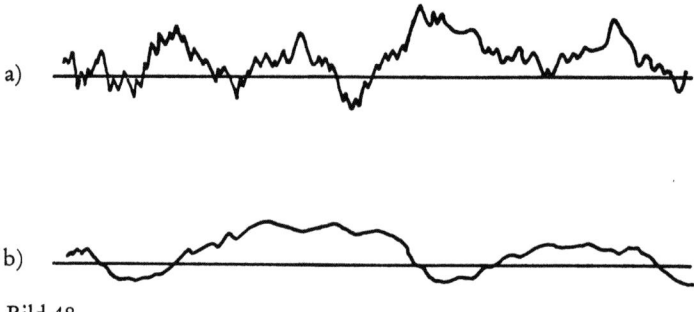

Bild 48

Als erste naheliegende Größe kann zunächst der einfache „Mittelwert" verwendet werden; das ist die mittlere Abweichung der Kurve von einem gegebenen Ausgangswert. Obwohl man damit schon gewisse Informationen erhält, reicht das natürlich nicht aus. Man kann damit nämlich noch nicht zum Beispiel zwischen einer Kurve mit konstantem, also festgehaltenem Wert einerseits und einer Kurve mit heftigen Schwankungen um den Mittelwert andererseits unterschei-

3.7 Zufallsschwingungen

den. Dieser Nachteil läßt sich durch Einführen der „mittleren quadratischen Abweichung vom Mittelwert" vermeiden. Man bestimmt diese Größe wie folgt: nach Feststellen des Mittelwertes rechnet man für jeden Punkt die Abweichung vom Mittelwert aus; damit erhält man eine Kurve für die Abweichung vom Mittelwert. Diese Kurve wird nun dadurch quadriert, daß die Abweichungen punktweise ins Quadrat erhoben, also mit sich selbst multipliziert werden. Für die auf diese Weise erhaltene weitere Kurve wird nun der einfache Mittelwert gebildet. Diese sehr nützliche Größe zur Beurteilung der Ausgangskurve wird als „quadratisches Mittel" der Ausgangskurve bezeichnet.

Die beiden in Bild 48a und 48b gezeigten Kurven könnten sowohl gleichen Mittelwert wie auch das gleiche quadratische Mittel haben, obwohl ihr Zeitverlauf sehr verschieden ist. Um dennoch Unterscheidungen treffen zu können, wird der Begriff der Frequenz zu Hilfe genommen, obwohl zunächst nicht recht einzusehen ist, daß die Frequenz bei diesen Betrachtungen überhaupt eine Rolle spielt. Man kann jedoch das quadratische Mittel auffassen als eine Überlagerung von periodischen Komponenten, die *allen* Frequenzen in einem gewissen Bereich zugeordnet sind. Damit aber läßt sich eine Kurve wie in Bild 49 zeichnen; sie hat die Eigenschaft, daß die Fläche zwischen Kurve und horizontaler Achse gerade wieder gleich dem Wert des quadratischen Mittels ist. Dies ist die Kurve der „mittleren quadratischen Spektraldichte". Mit solchen Kurven könnte man den Unterschied zwischen den Kurven 48a und 48b sichtbar machen, weil die mittlere quadratische Spektraldichte für 48b mehr zum Bereich kleiner Frequenzen verschoben ist.

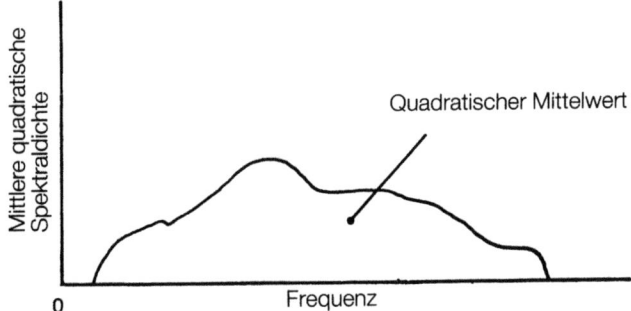

Bild 49

Eine gegebene Erregerkurve kann durch ihren einfachen Mittelwert und durch die Kurve der mittleren quadratischen Spektraldichte gekennzeichnet werden. Und obwohl damit nur ein Teil von der ge-

3 Fremderregte Schwingungen

samten, in den registrierten Kurven enthaltenen Information erfaßt wird, hat man doch erhebliche Schwierigkeiten, diese Kenngrößen tatsächlich zu bestimmen. Um hier nur eine der Schwierigkeiten zu erwähnen: der Bereich der Kurve, für den Mittelwerte gebildet werden, muß „sehr groß" sein. Man muß also entscheiden, *wie groß* man ihn tatsächlich zu machen hat, um eine ausreichende Genauigkeit zu bekommen.

Nun läßt sich natürlich nicht nur die Erregung, sondern auch die Systemantwort in der hier geschilderten, sicher noch unvollkommenen Weise beschreiben. Wir werden natürlich erwarten, daß die Reaktion des erregten Systems durch die Eigenfrequenzen, Eigenformen und Dämpfungsgrade bestimmt wird. Tatsächlich stellt man auch fest, daß ein System gerade diejenigen Frequenzen aus der Spektralverteilung der Erregung heraussucht und verstärkt, die in der Nähe seiner Eigenfrequenzen liegen. Die Antwort ist etwa so, wie es die Kurve von Bild 50b zeigt. Vieles von der Erregung wird herausgefiltert und damit unterdrückt; angenommen werden gewissermaßen nur die Frequenzen, die auch dem System selbst eigen sind. Das drückt sich in der Spektraldichte der Antwort natürlich durch eine stärkere Betonung der Frequenzbereiche in der Umgebung der Eigenfrequenzen aus.

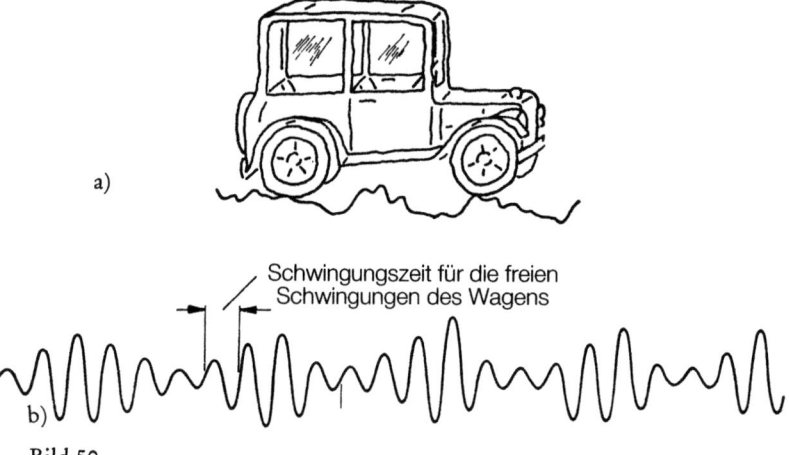

Bild 50

Diese Zusammenhänge lassen sich übrigens durch einen einfachen Versuch demonstrieren: wenn man über das offene Ende eines einseitig geschlossenen Rohres bläst, dann wird die Luft im Rohr zu

3.7 Zufallsschwingungen

Schwingungen angeregt. Als Ergebnis hört man einen oft nicht ganz reinen Ton mit immerhin deutlich feststellbarer Tonhöhe. Wenn man die Schwingungen der Luftsäule durch ein in den unteren Verschlußpfropfen des Rohres eingebautes Mikrophon aufnimmt, dann findet man, daß die Luftsäule tatsächlich in mehreren Eigenformen zugleich schwingt.

Wir haben bei unseren Betrachtungen viele Einzelheiten der Theorie übergehen müssen, insbesondere wurde stillschweigend eine grobe Vereinfachung vorgenommen: die Erregerkurven von dem in Bild 48 gezeigten Typ wiederholen sich niemals exakt; sie sind nicht periodisch. Für die erwähnten Beispiele versteht man das sofort: bei Druckmessungen in einem durchströmten Rohr kann man die turbulenten Schwankungen der Strömung gar nicht beeinflussen. Und was die Unebenheiten einer Straße angeht, so wird man nie zwei Strecken finden, deren Oberflächen bis in alle Details übereinstimmen. Deshalb gehen die Ingenieure statistisch vor, sie interessieren sich für die *wahrscheinlichen* Schwingungspegel. Die bisherige einfache Art der Argumentation gilt nämlich nur dann, wenn wir sicher sind, daß die Errregung in einem bestimmten Sinne typisch oder „ergodisch" ist.

Wir müssen nun bei einer gerade betrachteten Erregerart nicht wie bisher – etwa in den Bildern 48a und 48b – nur eine der Erscheinungsformen oder „Realisationen" berücksichtigen, sondern eine ganze Familie, ein „Ensemble" aller möglichen Kurven. Bei stationärem Betrieb könnte zum Beispiel die Druck-Meßkurve von Bild 48a Mitglied eines Ensembles sein, wie es etwa in Bild 51a wiedergegeben ist. Die Schwankungen des Druckes verlaufen nämlich mehr oder weniger gleichartig, so daß die Kurve konstante Mittelwerte besitzt: der Vorgang ist „stationär". Wenn wir andererseits Erregungen betrachten, deren Eigenschaften sich ändern, dann sprechen wir von instationären oder besser von „evolutionären" Bedingungen. Bild 51b zeigt ein Beispiel dafür. Derartige Erregungen treten etwa auf, wenn wäh-

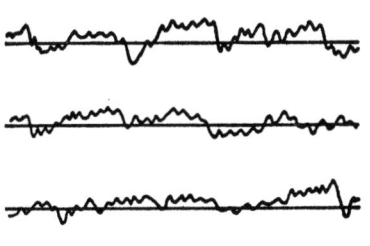
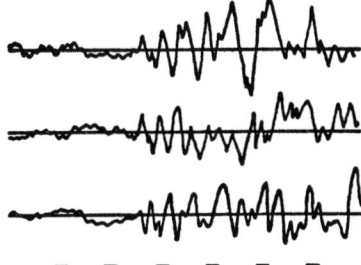

Bild 51 a)   b)

3 Fremderregte Schwingungen

rend der Druckmessungen ein anderer Betriebszustand des Wärmetauschers eingestellt wird. Dann ändern sich die Arbeitsbedingungen. Eine stationäre Erregung führt auch zu stationären Systemantworten, eine evolutionäre dagegen zu evolutionären Antworten. Stationäre Erregungen können zugleich auch ergodisch sein, evolutionäre sind es nie.

Nach diesen Vorbemerkungen wird verständlich, daß wir zwei Arten von einfachen und quadratischen Mittelwerten unterscheiden müssen: erstens die durch Mitteilung einer einzelnen Realisierung, also einer speziellen Messung gewonnenen, und zweitens die aus dem gesamten Ensemble bestimmten. Wir können beispielsweise die mittlere quadratische Spektraldichte für 10 Uhr morgens am kommenden Dienstag dadurch erhalten, daß wir die zu diesem Zeitpunkt möglichen einschlägigen Meßergebnisse von allen Mitgliedern des Ensembles auswerten. Diese Ensemble-Mittelwerte sind aber gerade das, was ein Ingenieur wissen will. In Wirklichkeit aber muß er sich im allgemeinen mit Mittelwerten aus Einzelmessungen herumschlagen.

Spätestens jetzt wird der aufmerksame Leser merken, daß wir hier in schwierige Gefilde eines umfangreichen und mathematisch besonders vertrackten Gebietes eingedrungen sind. Alle in den früheren Abschnitten 1.4 und 1.5 erwähnten Fälle machen uns zusätzlichen Kummer, wenn „Zufallsschwingungen" ins Spiel kommen. Dieser Name hat sich für die hier besprochenen Bewegungen eingebürgert. Um nur ein Beispiel zu nennen: wir wissen bisher noch nicht, wann etwa Metalle unter der Einwirkung von Zufalls-Lasten brechen.

Das Gebiet der Zufallsschwingungen wird sicher künftig noch sorgfältiger erforscht werden müssen. Es ist doch höchst lästig, wenn etwa das Zittern des Zeigers in einem Anzeigegerät genauere Ablesungen verhindert, oder wenn das Hintergrundrauschen beim Abspielen einer Schallplatte den Kunstgenuß oder gar die Verstehbarkeit mindert.

Auch die Wolframfäden in elektrischen Glühlampen bringen Probleme, die mit Zufallsschwingungen zusammenhängen. Diese zerbrechlich dünnen Fäden werfen eine Fülle von Fragen auf: sie werden ein- und ausgeschaltet, sie werden von elektrischen Strömen durchflossen, um Licht zu geben, sie werden thermisch und mechanisch beansprucht. Man ist deshalb kaum überrascht zu erfahren, daß die Lebensdauer enorm verkürzt werden kann, wenn elektrische Lampen in einem rüttelnd zitternden Umfeld, etwa in der Nähe von Schiffsmaschinen oder in Flugzeugen, in Kraftwagen oder Motorrädern verwendet werden. Tatsächlich erfordert das Entwickeln von weißglü-

3.7 Zufallsschwingungen

hend leuchtenden Lampen einen erheblichen Aufwand an Forschung, wobei natürlich jedesmal auch die Betriebsbedingungen genauer berücksichtigt werden müssen.

Zufallsschwingungen können gefährlich werden, etwa bei dem Fluglärm von Strahlantrieben. So ist der in Bild 52 gezeigte Ermü-

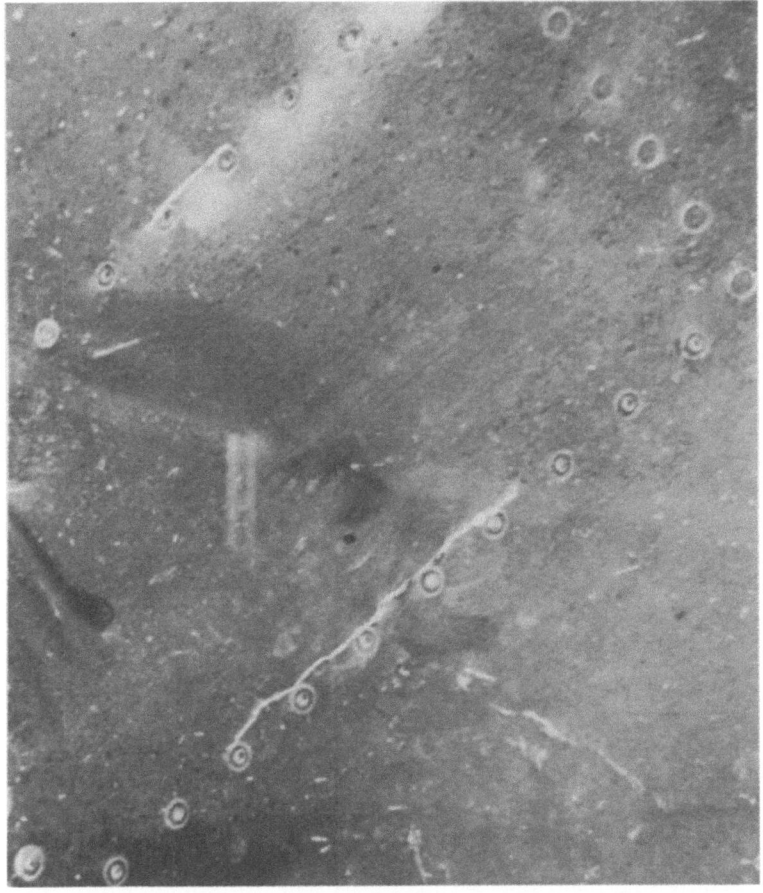

Bild 52 Ermüdungsriß im Höhenleitwerk eines Flugzeugs. Der Schaden wurde durch das Getöse eines Raketenmotors verursacht, dessen Strahl in deutlichem Abstand von Flugzeugheck vorbeiströmte. Die Druckschwankungen der Schallwellen führten zu akustischer Ermüdung.

dungsriß an der Unterseite eines Höhenruders durch Fluglärm verursacht. Man hatte hier das Flugzeug zum Testen eines Raketenmotors eingesetzt, und diesen unter dem Rumpf mit der Strahlrichtung nach hinten unten in ausreichendem Abstand vom Höhenleitwerk montiert. Aber das vom Raketenstrahl erzeugte gewaltige Getöse hat dennoch das Höhenruder beschädigt. Sollten ähnliche Schäden auch in den Hüllen der Druckkabinen von Passagierflugzeugen auftreten, so wären katastrophale Folgen möglich. Übrigens liegen die Frequenzen von Fluglärm etwa im Bereich zwischen 100 und 1000 Hz mit einem nicht genauer definierten Maximum dazwischen.

Entsetzliche Folgen können Erdbeben haben, wenn die mit ihnen verbundenen Erschütterungen stark genug sind, um große Gebäude einstürzen oder Dämme brechen zu lassen. Dennoch läßt sich nicht viel dagegen unternehmen, da Erdbeben noch nicht vorausgesagt werden können und außerdem in ihrem Ablauf meist nicht klar definiert sind. Daher ist es überaus schwierig, Gebäude oder andere Großkonstruktionen in seismologisch aktiven Gegenden sicher zu bauen. Neuerdings hat man hierzu Forschungen unter der Annahme durchgeführt, daß Erdbeben als evolutionäre Zufallsprozesse aufgefaßt werden können.

Wenn man sich vorstellt, daß jedes der vielen kleinen, irgendwo versteckt montierten Teilstücke in den Bauteilen elektrischer Anlagen und Geräte, die in Flugzeugen oder Raketen installiert sind, ermüden kann, dann wird einem klar, wie schwierig das Bemühen ist, Zufallsschwingungen und ihre Auswirkungen in den Griff zu bekommen.

3.8 Schiffe

Jetzt wollen wir uns noch über eine besondere Art von Bewegungen unterhalten: über Schiffe im Seegang. Dieses Beispiel verschafft uns nämlich einen guten Einblick in jenes Gebiet, das wir allgemein als Ingenieur-Forschung bezeichnen. Obwohl es sich bei den Schiffen um sehr spezielle Objekte handelt, so kann man doch auch daran etwas von der Faszination spüren, die das Forschen auf einen neugierigen Ingenieur ausübt.

Schiffe sind mehr oder weniger elastische Strukturen, auf die der Seegang in doppelter Hinsicht einwirkt: durch den Aufschlag der Wellen wird der Schiffsrumpf zunächst als Ganzes bewegt, dann aber auch verformt. Man muß dabei beachten, daß die erregenden Kräfte der Wellen am Rumpf entlang streichen, daß also kein stationärer Fall vorliegt. Dabei haben sowohl das Wellenmuster für einen bestimm-

3.8 Schiffe

ten Zeitpunkt wie auch die Wellenhöhe an einer bestimmten Stelle des Rumpfes als Funktion der Zeit Zufallscharakter. Das Schiff wird also durch zufällig verteilte und zufällig verlaufende Kräfte angeregt. Will man die Art der Eingangserregung charakterisieren, dann benötigt man dazu Wellenkarten und statistische Daten über Wellen, wie sie von den Ozeanographen seit vielen Jahren gesammelt und ausgewertet worden sind. Die Erregung hängt aber zusätzlich auch von der Form des Schiffsrumpfes unter der Wasserlinie sowie vom Fahrzustand, also von der Geschwindigkeit und vom Kurs gegenüber den Wellenkämmen ab.

Eine weitere Art der Einwirkung des Wassers auf das Schiff ist noch subtiler: wenn sich der Rumpf relativ zu den Wassermassen bewegt, dann wirken äußere Druckkräfte, die verschieden von den bei ruhendem Schiff wirkenden sind. Das gilt auch für die Trägheits- und Dämpfungs-Anteile der Wasserkräfte. Daraus folgt aber, daß durch die Einwirkungen des Wassers tatsächlich die effektiven Trägheits-, Dämpfungs- und Steifigkeits-Kräfte verändert werden. Leider bedeutet das nun nicht nur, daß Eigenfrequenzen und Dämpfungen der Rumpfschwingungen quantitativ verändert werden, es gibt vielmehr auch qualitativ neue Erscheinungen: das Schiff ist Beispiel für ein „nicht-konservatives System".

Nicht-konservative Systeme in voller Allgemeinheit zu untersuchen ist ein mühsames Geschäft. Der Ingenieur hat aber vorwiegend nur mit zwei charakteristischen Eigenschaften dieser Systeme zu tun: mit dem Resonanzverhalten und mit Instabilitäten. Für das Resonanzverhalten ist gerade das Schiff ein hervorragendes Beispiel, über Instabilitäten wird erst im folgenden Kapitel zu sprechen sein.

Wie wir später sehen werden, kann man ein in Fahrt befindliches Schiff stoßartig so stark anregen, daß es im Wasser schwimmend zittert. Aus der Tatsache, daß die Zitterschwingungen nachlassen, schließen wir, daß es sich dabei um freie Schwingungen handelt. Allerdings kann man in diesem Fall nicht mehr wie bisher stets Haupt-Eigenformen und Haupt-Eigenfrequenzen definieren. Vielmehr schwingt das Schiff auf recht komplizierte Weise mit mehr oder weniger nachweisbaren Schwingungsformen, Frequenzen und Dämpfungen.

Hier wollen wir uns zunächst mit dem Verhalten des Schiffes bei sinusförmiger Erregung beschäftigen. Resonanzen können entstehen, wenn die beim Durchfahren eines Wellenfeldes vorhandene Auftreff-Frequenz der Wellen gerade mit einer der Eigenfrequenzen übereinstimmt. Dabei müssen aber auch die zugehörigen Eigenformen stimmen. Die entstehenden Schiffsbewegungen lassen sich dabei meist nicht mit der wünschenswerten Zuverlässigkeit vorausberechnen.

Immerhin kann man einiges über die statistischen Daten der Bewegungen und der Verformungen des Schiffes aussagen, vorausgesetzt, daß eine Statistik des Seegangs vorliegt und die Betriebsbedingungen sowie sonstige Informationen über das Schiff bekannt sind. Nun darf aber nicht der Eindruck entstehen, als sei alles das nur reine Routine; und es lohnt sich, die Gründe zu überlegen, weshalb das nicht so ist. Wie man wohl erwartet, liegt eine der Schwierigkeiten in der Tatsache, daß zuverlässige Daten über den Seegang, besonders aber über die Trägheitswirkungen oder Dämpfungseffekte des Schiffes infolge der mitschwingenden Wassermassen nur sehr schwer zu bekommen sind. Aber es gibt noch andere, weniger leicht einsehbare Gründe: wie soll man etwa die Dämpfung des Schiffsrumpfes messen, wenn sich ihre Wirkung grundsätzlich nicht von den schwer durchschaubaren Dämpfungswirkungen des Wassers trennen läßt? Eine weitere Schwierigkeit ist von besonderer Bedeutung. Ein frei schwebendes Schiff könnte im Prinzip sechs Starr-Körper-Bewegungen mit der Frequenz Null ausführen: Vor-Zurück-, Rechts-Links- und Auf-Ab-Bewegungen, ferner die Drehbewegungen Rollen, Stampfen und Gieren. Bei schwimmendem Schiff werden drei dieser Bewegungsformen, Heben, Rollen und Stampfen, völlig verändert. Hier gibt es – meist mit Verformungen verbundene – Schwingungen mit nicht verschwindenden Frequenzen. Die freien Bewegungen, bei denen das Schiff vorwiegend auf und ab wuchtet oder stampft, haben meist dicht beieinander liegende Frequenzen; sie sind miteinander gekoppelt und stark gedämpft. Da diese Bewegungen keineswegs sinusförmig verlaufen, entsteht die Frage, wie denn ihre Frequenzen definiert werden sollen.

Selbst wenn alle technischen Probleme gelöst werden könnten, ein mißliches Ärgernis wird jedenfalls noch bleiben: ein Segel-Vollschiff etwa wird im Laufe der Zeit von verschiedenen Kapitänen geführt, die oft ganz verschiedene Anforderungen stellen. Einer der Kapitäne denkt vielleicht an schwere Stürme und verlangt, daß sein Kahn den extremen Bedingungen gewachsen sein müsse. Ein anderer wünscht sich eine hübsche stetige Brise, die seiner Yacht spritzigen Schwung verleihen soll. Kurz gesagt: selbst wenn ein Schiff unter Beachtung aller anerkannten Regeln der Schiffsbaukunst geschaffen wurde, so bleibt doch die Frage offen, ob der Benutzer es als gut oder schlecht empfindet.

Wenn auch die Frage nach der Güte im hohen Grade problematisch ist, so muß doch ein Schiffsbauer wenigstens den Versuch machen, sie irgendwie zu lösen. Schließlich kann er es sich nicht leisten, ein teures Schiff zu bauen, das letztlich nicht voll seetüchtig ist. So braucht er

3.8 Schiffe

die Gewißheit, daß das von ihm entworfene Boot nicht einfach mit dem Bug in den Wellen verschwindet, daß Schlingerbewegungen die Bedingungen an Bord nicht unerträglich werden lassen, und schließlich, daß die Beanspruchungen nicht so extrem werden, daß Risse im Rumpf entstehen können. Illustrationen zu den hier genannten Möglichkeiten geben die Bilder 53, 54 und 3.

Bild 53 Ein Schiff, das – wie die hier bei einer Testfahrt gezeigte Fregatte – in schwerer See eine zu große Fahrt aufnimmt, kann völlig überspült werden. (Courtesy Ministry of Defence)

Wenn ein Schiff auf offener See verloren geht, dann kann dies häufig wellenerregten Zufallsschwingungen angelastet werden, die entweder zum Überfluten oder zum Bruch führen. Überfluten tritt ein, wenn das Schiff zu stark kippt – entweder um die Querachse beim Stampfen oder um die Längsachse beim Rollen –, so daß die Wellen in offene Luken schlagen können. So geschah es im Januar 1970 mit dem Seerettungsboot „The Duchess of Kent": es kenterte kopfüber in den kurzen steilen Wellen der Nordsee. Fünf Menschenleben waren dabei zu beklagen. Bei den normalerweise in schwerer See dominierenden Wellenfrequenzen und bei den üblichen Schiffseigenfrequenzen werden Rollschwingungen meistens viel leichter angefacht als Stampfbewegungen. Auf jeden Fall sind erheblich mehr Schiffe durch Rollen gekentert, als durch ein Kippen über Bug oder Heck. Um noch einen besonders extremen Fall zu erwähnen: der amerikanische Zerstörer „Hull" ist 1944 in einem Taifun gesunken, weil seine Lüftungsschächte überflutet wurden.

98   3 Fremderregte Schwingungen

Bild 54 Das Schlingern eines Schiffes in schwerer See beeinträchtigt nicht nur die Arbeitsfähigkeit, sondern manchmal auch die Gesundheit der Besatzung. Auf dem hier gezeigten Schlepper war es sicher höchst ungemütlich. (Courtesy Ministry of Defence)

Der Mechanismus der Rollbewegungen ist kompliziert, weil einerseits eine Anregung durch Zufallskräfte erfolgt und weil andererseits „große" Schwingungen auftreten, deren Charakterisierung und deren Eigenschaften erst im Kapitel 6 behandelt werden sollen. Man kann jedoch auch hier schon eine plausible Erklärung geben, ohne allzuviel vorzugreifen: nehmen wir einmal an, daß zu irgendeinem Zeitpunkt die in Bild 55 skizzierte Situation vorliegt, bei der sich das Schiff im Uhrzeigersinn etwas um die Längsachse gedreht hat. Nun müssen die Gewichts- und Auftriebs-Kräfte untersucht werden, weil vor allem sie die Rollbewegungen des Schiffes bestimmen. Die Gewichtskraft kann als eine im Schwerpunkt G angreifende Einzelkraft aufgefaßt werden, wobei G im allgemeinen auf der Mittellinie des Querschnitts etwa in Höhe der Wasserlinie liegt. Wir machen sicher keinen großen Fehler, wenn wir annehmen, daß die Auftriebskraft ausschließlich durch hydrostatische Kräfte zustande kommt. Dann aber geht ihre Wirkungsrichtung durch einen Punkt B. Das kann man so erklären: das umgebende Wasser übt Kräfte auf den Schiffsrumpf aus, die zu-

3.8 Schiffe 99

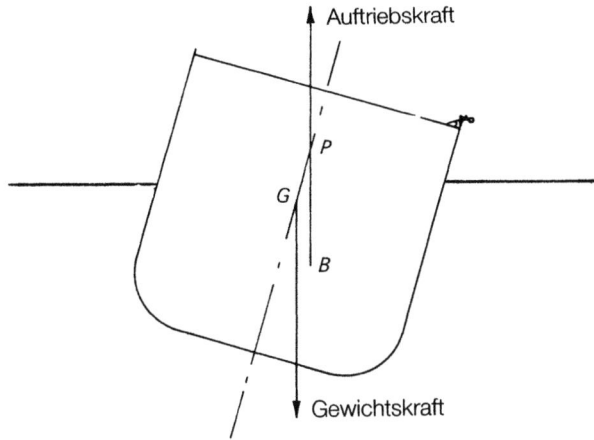

Bild 55

sammengesetzt eine nach oben gerichtete Auftriebskraft ergeben; man kann zeigen, daß ihre Wirkungslinie durch den Volumen-Mittelpunkt B der vom Rumpf verdrängten Wassermenge geht. Der Ort dieses Punktes liegt aber nicht im Schiff fest, er kann sich vielmehr relativ zum Schiff verschieben, wenn sich das Schiff schräg legt. Solange nun der Schnittpunkt P über dem Schwerpunkt G liegt (Bild 55), wird das Schiff durch die eingezeichneten Gewichts- und Auftriebs-Kräfte wieder in die aufrechte Normallage zurückgebracht. Es ist an diese Lage gefesselt und besitzt eine „Steifigkeit", die wir früher als notwendig für ein schwingungsfähiges System erkannt haben. Man erkennt aus dieser Betrachtung, daß es die Aufgabe des Schiffsbauers ist, dafür zu sorgen, daß P stets über G liegt.

Leider ist das leichter gesagt als getan. Vor allem darf man den Abstand GP in Bild 55 auch nicht zu groß machen, weil sonst das Leben an Bord unerträglich werden kann. Wird nämlich die Fesselung an die Normallage zu stark, dann kommt es zu Rollschwingungen mit bösartig hohen Frequenzen. Unglücklicherweise kann sich auch der Schwerpunkt G während der Fahrt des Schiffes verschieben, vielleicht sogar in ungünstiger Richtung. So rückt G nach oben, wenn sich Eis an den Aufbauten bildet. Das geschieht fast immer bei den in Polargegenden arbeitenden Trawlern. Andererseits kann der Schwerpunkt auch seitlich verschoben werden, zum Beispiel, wenn das Schiff flüssige Ladung wie Öl, Wasser oder auch trockenes Getreide in Tanks mit sich führt. Manchmal kann es auch durch Fluten der notwendigerweise offenen Oberdecks, zum Beispiel bei Kraftwagen-Fäh-

3 Fremderregte Schwingungen

ren, zu gefährlichen Situationen kommen, weil dadurch G bis zur Vertikalen durch das Auftriebszentrum B, also bis zum Punkt P in Bild 55 verschoben werden kann; das aber bedeutet Verlust der Rollstabilität.

Wie wir schon eingangs in Bild 3 gesehen haben, kommt es durchaus – glücklicherweise nur selten – vor, daß ein Schiff in schwerer See zerbricht. Bei Schiffen der üblichen Bauart werden meist nur die niedersten Eigenfrequenzen spürbar durch den Seegang angeregt, weil der Schiffskörper als ein System mit höheren Eigenfrequenzen in einer niederfrequenten Umgebung angesehen werden kann. Aber die besonders langen Schiffe, wie beladene Supertanker oder Containerschiffe mit großen offenen Ladedecks sind da empfindlicher; sie haben viel niedrigere Eigenfrequenzen als die meist gedrungen gebauten Schlepper, Kriegsschiffe oder Küstenboote. Die im Schiffskörper induzierten Spannungen hängen von den in den verschiedenen Eigenformen erzwungenen Schwingungen ab; sie können groß werden, wenn Resonanz auftritt. Dabei muß man bedenken, daß der Ort der stärksten Beanspruchungen bei Schwingungen in verschiedenen Eigenformen sehr verschieden liegen kann. So hat Mutter Natur dafür gesorgt, daß wir niemals mit hinreichender Sicherheit vorausberechnen können, welche Spannungen in rauher See nun wirklich eintreten werden. Und besonders unfreundlich ist es, daß noch dazu das Seewasser korrosiv gemacht wurde. So bleibt also stets ein Risiko wegen der sich ständig wiederholenden und dabei noch wechselnden Beanspruchungen in einem korrosiven Medium.

Ganz abgesehen von der Gefahr, die ein zerbrechendes Schiff für die Besatzung bedeutet, kann ein voll beladener Supertanker nach dem Bersten zu einer ökologischen Katastrophe von atemberaubendem Ausmaß führen. Man darf daher die Augen nicht vor der Tatsache verschließen, daß die Festigkeit von Schiffen bislang noch immer mit Hilfe von Verfahren berechnet wird, deren wissenschaftliches Fundament noch lückenhaft ist.

4 Selbsterregte Schwingungen

Dein eitles Schäkern find' ich
Höchst launenhaft und windig.
Laß doch die Fratze,
Die hier nicht am Platze.
Geh' bitte einmal in dich!

Your badinage so airy,
Your manner arbitrary,
Are out of place
When face to face
With an influential fairy.

Selbsterregte Schwingungen treten nur in nicht-konservativen Systemen auf. Sie unterscheiden sich von den erzwungenen Schwingungen durch eine wichtige Eigenschaft: bei nicht schwingendem System sind auch keine Erregerkräfte vorhanden.

Man kann die Dinge unter zwei Gesichtspunkten sehen. Bei selbsterregten Schwingungen werden die auf das System wirkenden äußeren Kräfte durch die Bewegungen eben dieses Systems gesteuert. Dasselbe gilt natürlich auch für die inneren Kräfte bei freien Schwingungen. Deshalb kann man die Wirkung der äußeren Kräfte bei selbsterregten Schwingungen auch als eine Veränderung der systemeigenen Trägheits-, Dämpfungs- und Steifigkeits-Kräfte auffassen. Das Frei-Schwingungs-Verhalten wird dann so verändert, als seien andere Massen, Dämpfungen und Steifigkeiten vorhanden. Bereits bei den Untersuchungen zur Bewegung von Schiffen hatten wir ähnliche Zusammenhänge festgestellt.

Andererseits ist zu bedenken, daß irgendeine Energiequelle vorhanden sein muß, wenn Selbsterregung möglich ist. Die Schwingung selbst sorgt dann dafür, daß dieser Quelle Energie entzogen wird. Aber wie kann ein System die Quelle anzapfen? Das wird letztlich durch die Bewegungsmöglichkeiten des Systems, also durch seine Eigenformen, Eigenfrequenzen und Dämpfungen bestimmt. Die Tatsache, daß selbsterregte Schwingungen nur möglich sind, wenn eine Energiequelle vorhanden ist, läßt diesen Typ von Schwingungen wichtig, interessant und manchmal auch überraschend erscheinen. Je-

102   4 Selbsterregte Schwingungen

der Fall von Selbsterregung kommt durch einen physikalischen Vorgang zustande, dessen Eigenheiten wir vielleicht erst genauer erkunden müssen.

4.1 Ein einfacher Fall von Selbsterregung

Beispiele von selbsterregten Schwingungen können häufig in strömenden Fluiden, also in Gasen oder Flüssigkeiten beobachtet werden. Die zum Schwingen notwendige Energie wird dabei von der Strömungsenergie abgezweigt. Das läßt sich anhand des in Bild 56 abgebildeten Schwingers zeigen: ein Ventilator bläst einen gleichmäßigen Luftstrahl gegen einen Holzstab, der an Federn elastisch aufgehängt wurde. Nach dem Einschalten des Ventilators schwingt der Stab teilweise sehr heftig auf und ab, quer zur Richtung des anblasenden Luftstroms.

Bild 56   Ein Holzstab mit halbkreisförmigem Querschnitt ist federnd so aufgehängt, daß er die flache Seite dem Ventilator zuwendet. Nach Einschalten des Ventilators schwingt der Stab auf und ab, eine Bewegung, die heftig aufgeschaukelt werden kann.

Um diese Bewegung zu erklären, muß man den Verlauf der Strömung genauer betrachten. Der Stab hat einen halbkreisförmigen Querschnitt, dessen flache Seite dem Ventilator zugewendet ist.

4.1 Ein einfacher Fall von Selbsterregung

Nimmt man nun an, daß sich der Stab aus irgendeinem Grunde mit einer wenn auch kleinen Geschwindigkeit nach oben bewegt, dann bedeutet dies für einen gedachten, auf dem Stab sitzenden Beobachter, daß der anblasende Luftstrom nicht horizontal, sondern momentan etwas nach unten gerichtet ist. Die Strömung hat dann etwa den in Bild 57 angedeuteten Verlauf. Aus den Gesetzen der Strömungslehre weiß man nun, daß in dem turbulenten Bereich rechts unten im Bild etwa Atmosphärendruck herrscht, während der Druck im Gebiet unmittelbar über dem Stab wegen der dort eng beieinander liegenden Stromlinien geringer ist. Daraus aber folgt eine Druckverteilung, die zu einer nach oben gerichteten Gesamtkraft für den Stab führt.

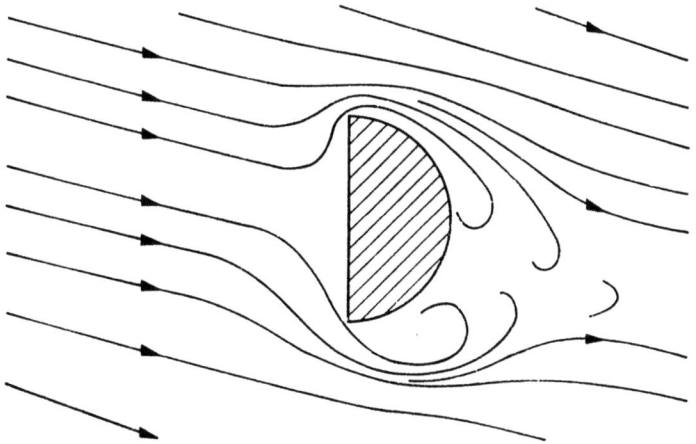

Bild 57

Einen analogen Effekt kann man leicht so demonstrieren, wie es in Bild 58 angedeutet ist: bläst man Luft durch den Hals eines sich nach unten öffnenden Trichters, dann kann ein Tischtennisball in der Trichteröffnung frei schweben, ohne herunterzufallen. Auch dieser Effekt läßt sich durch die Druckverteilung, hier durch den Unterdruck erklären, der an der Stelle eng beieinander liegender Stromlinien dort entsteht, wo der Ball nahe an die Kegelfläche des Trichters herankommt.

Bei dem Stab mit Halbkreisprofil nach Bild 57 ist sowohl die entstehende Luftkraft wie auch die Geschwindigkeit des Stabes selbst nach oben gerichtet; bei einer Abwärtsbewegung des Stabes ändert sich auch die Richtung der Kraft. Die Luftkraft unterstützt also in je-

104   4 Selbsterregte Schwingungen

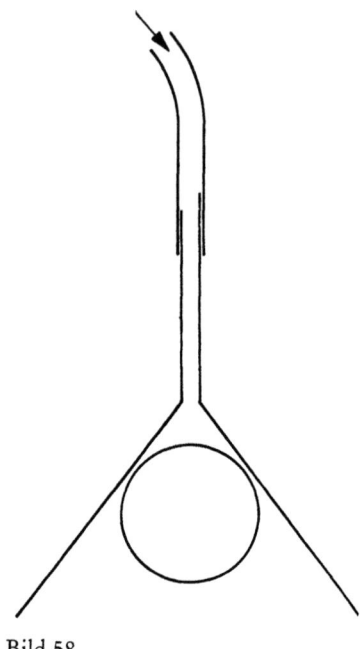

Bild 58

dem Fall die Bewegung und wirkt deshalb gerade umgekehrt wie eine Dämpfungskraft. Wenn nun bei einer vollen Periode der Auf- und Ab-Bewegung infolge der Luftkraft mehr Energie in das System hereingepumpt als durch die Dämpfungskraft entzogen wird, dann bedeutet dies ein Anfachen der Schwingung. Das Aufschaukeln setzt sich fort bis durch irgendeinen äußeren Einfluß eine Begrenzung erzwungen wird – eventuell auch durch ein Zerbrechen des Gerätes. Aus diesen Überlegungen erkennt man übrigens, daß sich der Stab auch bei noch so geringer Anfangsgeschwindigkeit aufschaukelt. Man nennt das System dann „dynamisch instabil" oder weniger genau aber einfacher „instabil".

Natürlich ist die hier gegebene Erklärung für das Schwingen des profilierten Stabes stark vereinfacht. In Wirklichkeit sind die Verhältnisse, wie oft bei Strömungsvorgängen, erheblich komplizierter. Aber vergessen wir nicht, daß Ingenieure häufig mit plausiblen Näherungen bessere Erfahrungen machen als mit komplizierten Theorien, die mit dem Anspruch einer größeren Exaktheit angepriesen werden. Wir sollten beherzigen, was von Pitti-Sing in der Sullivan-Operette „Der Mikado" gesagt wird:

> „Sie will nicht nur alles wissen,
> Auch nichts an Exaktheit missen:
> Ein Tick – beinah krankhaft gesteigert!"

> *Her taste exakt*
> *for faultless fact*
> *amounts to a disease!*

Wieweit nun der Ingenieur einem derartigen, krankhaften Tick nachgibt oder ihm widersteht, das bleibt ein Teil seines Berufsrisikos.

4.2 Gekoppelte Flatterschwingungen

Wenn auch der hier besprochene Versuch mit dem elastisch aufgehängten Stab reichlich akademisch aussieht, so kann man ihn doch zur Erklärung einer für die Praxis wichtigen Erscheinung, des Schaukelns von Überlandleitungen, heranziehen. Man hat beobachtet, daß Leitungskabel, die frei zwischen Masten aufgehängt sind, bei bestimmten Wetterbedingungen mit großer Amplitude und kleiner Frequenz zu schwingen anfangen. Das ist vor allem in hohen Breiten Nord-Amerikas aufgetreten, wo die Querschnitte der Kabel durch winterlichen Eisansatz verändert werden. Das Eis setzt nicht gleichmäßig an, so daß der Querschnitt unregelmäßig wird und damit dem Wind gerade ein solches Profil bietet, das zu selbsterregten Schwingungen von der zuvor beschriebenen Art führen kann. Diese Schwingungen haben fast denselben Charakter wie die in Kapitel 2 beschriebenen Schwingungen an der Kabel-Überführung über den Severn-Fluß. Tatsächlich aber haben beide Schwingungstypen wenig miteinander zu tun, weil der Effekt bei den Severn-Kabeln auch ohne Veränderungen des Querschnitts aufgetreten ist.

Nach den früher angestellten Überlegungen zur Auswirkung von Dämpfungskräften können wir erwarten, daß die Auf- und Ab-Bewegung des Stabes von Bild 56 mit der dieser Eigenform entsprechenden Eigenfrequenz erfolgen. Nun kann der Stab aber in mehreren Eigenformen wie ein starrer Körper schwingen; aber nur eine davon tritt im Versuch tatsächlich auf. Der Stab könnte im Prinzip ja auch in der Anblasrichtung vorwärts und rückwärts, oder auch in der Stab-Längsrichtung oder um seinen Mittelpunkt drehend so schwingen, daß sich seine Enden wechselseitig auf und ab bewegen. Man muß also bei einer Untersuchung der Selbsterregung alle diese Schwingungen zunächst als gleichberechtigt zulassen, um schließlich herauszufinden, welche davon bei Vorliegen bestimmter Bedingungen im System wirklich aufgeschaukelt wird. Eventuell muß man sogar Kombinationen von Hauptschwingungen ins Auge fassen. Deshalb überrascht es wohl kaum, wenn wir hier feststellen, daß es fast unmöglich ist, neuartige Typen von selbsterregten Schwingungen genau vorauszusagen.

4.2 Gekoppelte Flatterschwingungen

Es gibt viele Möglichkeiten für das Entstehen von selbsterregten Flatterschwingungen und einige davon sind noch erheblich komplizierter, als sie im vorigen Kapitel beschrieben wurden. In den meisten Fällen darf man nämlich die Selbsterregung nicht einfach nur als eine, die vorhandenen Dämpfungen kompensierende Erscheinung anse-

4 Selbsterregte Schwingungen

hen. Es können nämlich auch die effektiven Werte für Massen und Steifigkeiten geändert werden. Derartige Änderungen lassen sich aber nicht durch ein entsprechendes Abstimmen von Masse und Steifigkeit im System selbst bewirken, wie dies zuvor für Schiffe beschrieben wurde. Dennoch kann man auch hier für ein System mit veränderten effektiven Massen und Steifigkeiten Eigenfrequenzen und Eigenformen definieren. Sie passen freilich nicht ganz in das durchsichtig einfache Schema, das wir im Kapitel 2 kennengelernt hatten.

Der profilierte Stab von Bild 56 bewegt sich in nur einem Freiheitsgrad. Deshalb kann die Verschiebung des Feder-Stab-Systems vollständig zum Beispiel durch die Auslenkung des Stabmittelpunktes aus seiner Ruhelage beschrieben werden. Es tritt nur eine Schwingungsform auf, so daß auch eine Größe zur Kennzeichnung der Lage des Systems ausreicht. Nun aber soll ein Typ von Selbsterregung besprochen werden, bei dem mehr als ein Freiheitsgrad vorhanden sein muß. Dann benötigt man entsprechend mehr als eine Größe um die Lage des Systems zu jedem Zeitpunkt beschreiben zu können.

Auch das nun zu besprechende Beispiel gehört, wie schon das frühere, zu den strömungsbedingten Selbsterregungen; seine technische Bedeutung ist offensichtlich. Bild 59 zeigt ein System, bei dem anstelle des früheren Stabes jetzt ein kleiner Tragflügel in den Luftstrom gestellt wurde. Dank der Aufhängung an einem langen biegsamen

Bild 59 Ein einfacher Tragflügel, der an einem Draht und einer Spiralfeder aufgehängt wurde. Der Flügel kann seine Lage durch Verbiegen des Drahtes und durch Verdrehen der Feder ändern. Nach Einschalten des Ventilators schwingt er auf und ab. Diese Vertikalbewegung ist zugleich mit einer Nick-Schwingung des Tragflügels verbunden. Diese gekoppelte Bewegung kann stark angefacht werden.

4.2 Gekoppelte Flatterschwingungen 107

Draht kann sich der Tragflügel, genau wie der früher untersuchte Stab, auf und ab bewegen. Diese Bewegung entspricht dem einen Freiheitsgrad; der zweite Freiheitsgrad ist dadurch gegeben, daß sich der Tragflügel um die Drahtachse drehen kann. Dann führt er gegenüber der anströmenden Luft eine Nickbewegung aus, bei der eine kleine, zwischen Draht und Tragflügel befestigte Spiralfeder verformt wird. Es gibt zwar noch andere Freiheitsgrade am Modell; etwa ein Vor- und Zurück-Bewegen des Tragflügels in Strömungsrichtung, aber das ist hier unwichtig. Wenn nun der Ventilator hinreichend stark bläst, dann schwingt der Tragflügel auf und ab; gleichzeitig aber zeigt er eine Nickbewegung, durch die der jeweilige Anstellwinkel des Tragflügels verändert wird. Dies ist der klassische Fall von Flügelflattern; man spricht von „gekoppelten Flatterschwingungen", weil die Bewegung in zwei Freiheitsgraden erfolgt.

Die bei diesem Modellversuch vorhandenen beiden Freiheitsgrade sind auch bei wirklichen Tragflügeln vorhanden. Das bedeutet glücklicherweise jedoch nicht, daß notwendigerweise jedes Flugzeug flattert. Übrigens können auch die Rotorblätter eines Hubschraubers oder die Schaufeln von Turbinen flattern. Flattererscheinungen bilden ein umfangreiches Gebiet, auf dem noch intensiv geforscht wird. Flattererscheinungen auszuschließen, ist häufig eine der wichtigsten Forderungen beim Neuentwurf von Maschinen und Geräten.

In unserem Beispiel wurden zwei der vorhandenen Freiheitsgrade beim Flattern ausgenutzt. Flugingenieure sprechen deshalb manchmal von Doppel- oder Zweier-Flattern. Es gibt auch Dreier-, Vierer- usw. -Flattern; das konnte an manchen Flugkonstruktionen beobachtet werden. Bevor wir jedoch in eine derart weiterführende Diskussion einsteigen, soll zunächst das bei dem Modell von Bild 59 beobachtete Zweier-Flattern genauer untersucht werden.

Die im Versuch festgestellten Bewegungen in den zwei Freiheitsgraden sollen hier kurz als „Verschieben" und „Torsion" bezeichnet werden. Wir wollen annehmen, daß beide Bewegungen sinusförmig verlaufen und dieselbe Frequenz haben; jedoch soll die Torsion dem Verschieben um einen Phasenwinkel von 90° vorauseilen (Bild 60).

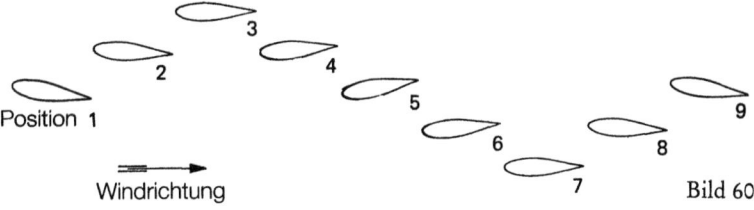

Bild 60

4 Selbsterregte Schwingungen

Das bedeutet, daß die Vorderkante während der ganzen Aufwärtsbewegung höher als die Hinterkante liegt, während sie umgekehrt bei der Abwärtsbewegung tiefer liegt. Da nun die auf den Tragflügel wirkende Luftkraft bei höher liegender Vorderkante nach oben, und umgekehrt bei tiefer liegender Vorderkante nach unten wirkt, so erkennt man, daß die Bewegung während ihres ganzen Verlaufes durch die Luftkräfte unterstützt wird. Man kann sich leicht überlegen, daß die Bewegung bei Phasengleichheit zwischen Verschieben und Torsion während einer Vollschwingung durch die Luftkräfte gleichermaßen unterstützt und behindert wird. Beobachtet man die Bewegung des Systems von Bild 59 genauer, dann stellt man tatsächlich fest, daß hier eine Phasenverschiebung vorhanden ist, wie sie zunächst von uns angenommen wurde; das System kann also instabil werden.

Um den Entstehungsmechanismus des Flatterns zu erkennen, überlegen wir uns, daß eine Torsion Luftkräfte nach sich zieht, die den Tragflügel verschieben, während umgekehrt ein Verschieben allein keine Kräfte auslöst, die eine Torsion bewirken. Genau dieser Zusammenhang aber ist das wesentliche Kennzeichen für klassisches oder gekoppeltes Flattern, und zwar nicht nur in dem hier betrachteten Sonderfall. Mathematisch läßt sich der Sachverhalt so ausdrücken, daß die Kopplungen in den beteiligten Freiheitsgraden unsymmetrisch sind.

Durch diese Betrachtung darf nun nicht der Eindruck erweckt werden, als seien alle unsere Flugzeuge flatteranfällig, so daß sie jederzeit herunterpurzeln können. Freilich hat es in der Frühzeit der Fliegerei mehrfach Versager dieser Art gegeben, aber heutzutage werden ganz besonders strenge Prüfungen vorgeschrieben, so daß Ausfälle durch Flattern kaum noch zu befürchten sind.

Flattern in der jeweils möglichen Flatter-Form kann entstehen, wenn bestimmte Bedingungen erfüllt sind; sie betreffen die Amplituden- und Phasen-Verhältnisse für die Bewegungen in allen beteiligten Freiheitsgraden. Diese Größen hängen vor allem von der Fluggeschwindigkeit, aber auch von Luftdichte und Temperatur ab. Wir wollen nun untersuchen, wie sich eine Veränderung der Fluggeschwindigkeit auswirken kann. Hierzu stellen wir fest, daß der Energiebetrag, der bei jeder Vollschwingung des Flügels durch die Luftkräfte in das System hereingepumpt wird, von der Geschwindigkeit abhängt. Dasselbe gilt aber auch für die aus mechanischen und aerodynamischen Anteilen zusammengesetzte Dämpfung der Flügelbewegung. Auch das Verhältnis von hereingepumpter und durch Dämpfung wieder entzogener Energie hängt seinerseits wieder von der Geschwindigkeit ab; wenn dieses Verhältnis gerade den Wert

4.2 Gekoppelte Flatterschwingungen

Eins hat, dann sind Dauerschwingungen möglich, also Schwingungen, die weder gedämpft noch aufgeschaukelt werden. Das Flugzeug fliegt dann gerade mit der „kritischen Geschwindigkeit". Natürlich gehören zu den verschiedenen Flatterformen, also zu den selbsterregten Schwingungen bei unterschiedlichen Verformungen der Flugzeugzelle, auch verschiedene kritische Geschwindigkeiten. Deshalb besteht die wesentliche Aufgabe einer Flatteranalyse darin, sicherzustellen, daß ein Flugzeug voll flugtauglich ist, also dafür zu sorgen, daß auch die kleinste kritische Geschwindigkeit noch einen ausreichenden Sicherheitsabstand von der höchstmöglichen Fluggeschwindigkeit hat.

Allerdings ist noch nicht alles verloren, wenn die kritische Geschwindigkeit in den möglichen Geschwindigkeitsbereich eines Flugzeugs fällt. Es gibt drei Möglichkeiten, das Flattern dann zu unterdrücken. Die erste besteht in einem Verändern der Struktur derart, daß die Bewegungen in den beteiligten Freiheitsgraden entkoppelt und dann jede für sich gedämpft werden. So kann man beispielsweise Torsion und Verschieben bei dem Modell von Bild 59 weitgehend dadurch entkoppeln, daß der Aufhängedraht an einer bestimmten, noch von der Massenverteilung des Tragflügels abhängenden Stelle des Querschnitts befestigt wird.

Das zweite allgemeine Verfahren besteht darin, die Eigenfrequenzen durch Versteifen der Struktur, genauer: durch ein Verändern des Verhältnisses von Steifigkeit und Masse, zu erhöhen. Dieses Verfahren funktioniert deshalb, weil die je Vollschwingung beim Flattern hereingepumpte Energie fast unabhängig von der Frequenz ist, während der durch Dämpfung entzogene Energieanteil etwa proportional zur Frequenz anwächst. Deshalb gibt es für jedes Flugzeug eine Grenze für die Frequenz der Strukturschwingungen, oberhalb der kein Flattern mehr stattfindet. Sofern die aerodynamischen Kräfte die Tendenz zeigen, die Flatterfrequenzen von den Eigenfrequenzen fort zu ziehen, dann zeigt dies an, daß es günstig ist, wenn die Eigenfrequenzen so groß wie möglich gemacht werden.

Die beiden bisher beschriebenen Verfahren zur Flatterverhütung werden von Konstrukteuren routinemäßig eingesetzt. Wir wollen sie hier jedoch nicht näher behandeln, weil uns dies zu sehr auf spezielle Einzelfälle führen würde. Jedoch soll ein drittes Verfahren ausführlicher beschrieben werden, obwohl es bei gekoppelten Flatterschwingungen nicht immer anwendbar ist. Es hat sich jedoch sehr allgemein auch bei anderen Arten von selbsterregt schwingenden Systemen bewährt. Sein Grundgedanke besteht darin, künstliche Dämpfung einzuführen.

Wenn man ein flatterfähiges System stärker dämpft, dann wird die bei einer bestimmten Amplitude je Vollschwingung entzogene Energie vergrößert und damit die kritische Geschwindigkeit im allgemeinen erhöht. Würde man etwa den Haltedraht des Modells von Bild 59 in ein Ölbad tauchen, dann würden auch die selbsterregten Schwingungen unterdrückt. Das Modell funktioniert tatsächlich nur deshalb so gut, weil die Reibungen so klein wie möglich gehalten wurden. Das gilt allgemein: man kann die Selbsterregung eines Systems meist durch eine sinnvoll eingeführte Dämpfung verhindern. Flugingenieure hätten sicher weniger Kummer, wenn die Flugzeuge nicht die jetzige hochgezüchtete Form besäßen; man kann nämlich bei ihnen nicht genug Dämpfung an denjenigen Stellen unterbringen, an denen dies notwendig und sinnvoll wäre. Wir werden später allerdings sehen, daß einige Arten der Selbsterregung dennoch durch Vergrößern der Dämpfung verhindert werden können.

Für einen Augenblick wollen wir jetzt das hier erwähnte Verfahren zur Verhütung von Selbsterregungen mit dem bei erzwungenen Schwingungen besprochenen vergleichen. Bei erzwungenen Schwingungen hilft am besten ein Verschieben der in der Nähe der Erregerfrequenzen liegenden Eigenfrequenzen; dieses Verstimmen kann zu höheren oder auch zu niedrigeren Frequenzen hin erfolgen. Durch Vergrößern der Dämpfung kann man die Wirkung zwar noch etwas verbessern; fragt man jedoch erfahrene Ingenieure, welche der beiden Maßnahmen sie im konkreten Fall einsetzen würden, dann lautet die Antwort stets: ein Verschieben der Frequenz ist entschieden vorzuziehen. Wenn die Frequenz einer beobachteten Schwingung mit der einer äußeren Störung übereinstimmt, dann hat man fast immer eine erzwungene Schwingung vor sich, die durch Verstimmen abgebaut werden kann. Falls jedoch keine äußere Einwirkung von der beobachteten Frequenz vorhanden ist, und diese Frequenz einer Eigenfrequenz benachbart ist, dann ist das ein sicheres Zeichen für selbsterregte Schwingungen. In diesem Fall aber läßt sich die Schwingung weniger durch Verstimmen als vielmehr durch ein Vergrößern der Dämpfung beeinflußen.

Bei Flugzeugen hat man zahlreiche Varianten von Flattererscheinungen beobachtet. Sie lassen sich schwer mit Worten beschreiben, insbesondere wenn es sich um Deltaflügler handelt. Genau genommen bewegt sich nämlich beim Flattern stets die gesamte Flugzeugzelle. Beim Klassifizieren von Flattererscheinungen hat man sich aber daran gewöhnt, nur auf die Teile des Gesamtsystems zu achten, die bei der jeweiligen Bewegung primär beteiligt sind. Eine der zuerst beobachteten Flattererscheinungen, die sich auch leicht einordnen las-

4.2 Gekoppelte Flatterschwingungen

sen, betrifft das „anti-symmetrische Höhenruder-Flattern"; dabei bewegen sich die Höhenruder wie die Schenkel einer Schere gegeneinander.

Flatteruntersuchungen bilden einen wesentlichen Teil bei der Entwicklung von Flugzeugen. Es sollte kein Flugzeug zum Erstflug starten dürfen, ohne daß die Flatterfachleute damit einverstanden sind. Man darf wohl sagen, daß in dieses spezielle Schwingungsproblem mehr Geld und mehr Gehirnschmalz investiert wurde, als in alle anderen. Schließlich bringt jeder neue Flugzeugtyp auch neue Flatterprobleme mit sich, die außerdem bei größeren Fluggeschwindigkeiten schwieriger werden. Deshalb muß der Flugzeugkonstrukteur einen ganz wesentlichen Teil seiner Arbeit hierauf konzentrieren, insbesondere, wenn Überschallgeschwindigkeiten oder Geschwindigkeiten in der Nähe der Hitzegrenze erreicht werden sollen. Besonders ernste Flatterprobleme hat man bei Raketen und Raumfahrzeugen festgestellt; auch dafür sind verschiedene Arten von Selbsterregung verantwortlich.

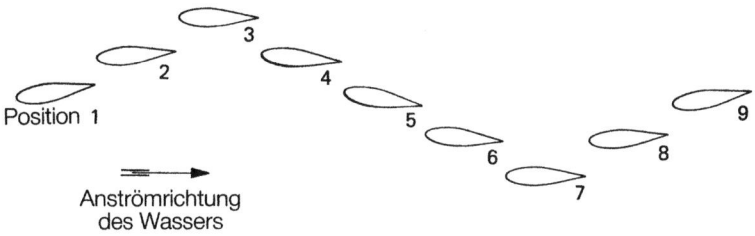

Bild 61

Beiläufig sei nochmals darauf hingewiesen, wie entscheidend wichtig die Phasendifferenz zwischen Verschieben und Torsion bei dem zuvor beschriebenen Zweier-Flattern ist. Man vergleiche nun einmal Bild 61 mit Bild 60. In Bild 61 sind die Positionen einer Stabilisierungsflosse skizziert, die man zur Verringerung der Rollschwingungen von in Fahrt befindlichen Schiffen einsetzt. Das „Verschieben", also das Auf und Ab der unter der Wasserlinie montierten Flosse, kommt durch das Rollen des Schiffes zustande; die „Torsion" aber wird automatisch über einen Regler durch einen Stellmotor so verändert, daß die an der Flosse entstehenden Strömungskräfte dämpfend auf die Schiffsbewegung einwirken.

Manche Leute, auch solche, die es eigentlich besser wissen sollten, stellen sich oft vor, technischer Fortschritt komme dadurch zustande, daß reine Wissenschaftler Ideen haben, die dann von Ingenieuren in die Praxis umgesetzt werden. Solche Vorstellungen sind jedoch oberflächlich und geradezu lächerlich. Wer etwa Flatterprobleme erfolgreich bewältigen will, der muß Physiker, Mathematiker und Ingenieur zugleich sein. Allein schon das bloße Beschreiben von Flugzeugverformungen in einer für Rechner brauchbaren Form, setzt ein grundlegendes Verständnis für die Anwendbarkeit komplizierter mathematischer Methoden voraus. Deshalb darf man wohl hier feststellen, daß wesentliche Fortschritte auf den Gebieten der Ingenieurwissenschaften, nicht nur bei Flatterproblemen, immer dann erwartet werden können, wenn die aktiven Forscher die stets unbestimmte Grenze zwischen reiner und angewandter Wissenschaft überschreiten – ohne dies überhaupt zu merken.

4.3 Das Eingrenzen von selbsterregten Schwingungen

In den bisher betrachteten Fällen von Selbsterregung hat es sich gezeigt, daß die Ursache für das Aufschaukeln kaum von der Größe der Amplitude abhängt. In diesem Falle ist eine Tendenz vorhanden, die Schwingung zu sehr großen Amplituden anwachsen zu lassen. Wenn dieses Aufschaukeln nicht irgendwie verhindert wird, kann es sogar zum Zerstören des Systems führen. Tatsächlich gibt es manches zerbrochene Bauwerk als stummen Zeugen für die Wirkung selbsterregter Schwingungen. Freilich lehrt uns die Erfahrung, daß solche Schwingungen keineswegs immer bis zum Bruch führen müssen.

Türen quietschen manchmal beim Öffnen oder Schließen. Hier handelt es sich um selbsterregte Schwingungen, die durch Reibung in den Türangeln bedingt sind. Die Angeln brechen jedoch nicht, da die Schwingung in Grenzen bleibt. Das Entsprechende läßt sich auch von der Geige sagen: sobald der Bogen über die Saiten streicht, fängt das Instrument zu tönen an. Auch das sind selbsterregte Schwingungen, die jedoch – auch bei lautem Ton – die Geige nicht zerstören. Wenn man Öl in die zylindrischen Behälter gießt, in denen die unteren beiden Federn des Systems in Bild 56 befestigt sind, dann schwingt der Stab nicht mehr so heftig im Luftstrom auf und ab, wie dies ohne Öl der Fall ist. Daraus sieht man, daß auch selbsterregte Schwingungen begrenzt werden können. Ja, man könnte die Schwingungen sogar ganz unterbinden, wenn man die Federn völlig in ein zähes Öl eintauchen ließe.

4.3 Das Eingrenzen von selbsterregten Schwingungen

Ein Eingrenzen von selbsterregten Schwingungen ist nur möglich, wenn irgendein Wirkungsmechanismus vorhanden ist, der die Erregung mit steigender Amplitude so verringert, daß das Aufschaukeln schließlich aufhört. Ein stationärer Zustand wird gerade dann erreicht, wenn die im Mittel über eine Periode in das System hereingepumpte Energie gleich der durch Dämpfung vernichteten ist. Dann geht der Kurvenzug der Schwingung in eine gleichmäßige Wellenform über, wie dies Bild 62 zeigt; hier handelt es sich um die Aufzeichnung von Querschwingungen, die bei Versuchen mit einem auf Schienen laufenden, vierrädrigen Modellfahrzeug erhalten wurden.

Bild 62

Obwohl also selbsterregte Schwingungen meist nicht beliebig anwachsen, können sie doch gelegentlich unangenehm und sogar gefährlich werden. Aber die Begrenzung ist natürlich erwünscht: als Beispiele denke man wieder an die Geige, oder an andere Streich-oder Blas-Instrumente; auch Uhren und die elektrische Klingel können hier genannt werden.

Solange das Vorhandensein von Selbsterregung nicht von der Amplitude der Bewegungen abhängt, lassen sich die Schwingungen mathematisch durch lineare Differentialgleichungen mit konstanten Koeffizienten beschreiben. Das brauchen wir an dieser Stelle nicht näher zu erklären und beschränken uns auf den Hinweis, daß dieser Typ von Gleichungen verhältnismäßig einfach zu übersehen ist. Das schließt freilich nicht aus, daß konkrete numerische Berechnungen besonders bei Systemen mit vielen Freiheitsgraden sehr aufwendig werden können. Die beschreibenden Gleichungen werden aber erheblich komplizierter, wenn auch die Amplitude der Bewegung wesentlichen Einfluß auf das Entstehen selbsterregter Schwingungen hat. Dann sind die Gleichungen nicht mehr linear und haben oft auch keine konstanten Koeffizienten; man bezeichnet sie allgemeinen als „nicht-linear". Derartige Gleichungen zu lösen, erweist sich meist als ein außerordentlich mühsames Geschäft, zumal dabei zusätzliche mathematische Schwierigkeiten zu überwinden sind.

Nun bedeutet das keineswegs, daß sich der Ingenieur immer mit der gesamten Mathematik von selbsterregten Schwingungen mit endlicher Amplitude herumschlagen muß. Oft wird ja einfach gefordert, daß eben keine Schwingungen - weder begrenzte noch erst recht keine unbegrenzten – entstehen sollen. Dieses Teilproblem läßt sich aber im Rahmen der linearen Theorie lösen, weil dabei nur festgestellt wird, ob ein Aufschaukeln möglich ist oder nicht. Das eventuelle Abfangen der Schwingungen durch andere äußere Einwirkungen interessiert dann nicht weiter.

Dieser Sachverhalt kann auch aus den früher beschriebenen Versuchen mit dem Modell von Bild 56 abgeleitet werden. Tut man Öl in die beiden Behälter, dann bleibt die Schwingung in Grenzen. Solange aber die Bewegungen klein sind, ist auch der Einfluß des Öls gering: eine oder vielleicht auch zwei Windungen der Federn tauchen während der Bewegung in das Öl ein und wieder aus. Der Einfluß der Öldämpfung wird deutlicher, wenn bei größeren Amplituden immer mehr Windungen der Federn einzutauchen beginnen. Natürlich muß bei einer Untersuchung der Anregungsbedingungen nicht nur die Öldämpfung allein, sondern auch jede sonst noch im System vorhandene Dämpfung berücksichtigt werden, sofern sie bei kleinen Auslenkungen wirksam ist. Nur so läßt sich feststellen, ob eine Anregung stattfinden kann oder nicht.

Genau genommen verändert sich das Modell von Bild 56, wenn Öl in den Behältern ist, mit der Größe der Amplitude; das System ist verschieden, je nachdem ob die Schwingungen groß oder klein sind. Das kommt durch die Veränderung der Dämpfungs-Kennwerte bei großen Amplituden zustande. Damit ist nicht etwa nur gemeint, daß die Dämpfungskräfte selbst mit der Amplitude größer werden, wichtig ist vielmehr, daß dieses Anwachsen nicht proportional erfolgt. Nur dann nämlich ist der Dämpfungs-Kennwert veränderlich. Wir werden uns später noch mit veränderlichen Systemen zu beschäftigen haben; an dieser Stelle genügt es, darauf hinzuweisen, daß das in solchen Systemen nur schwer zu erfassende Eingrenzen der selbsterregten Schwingungen vielfach von untergeordneter Bedeutung ist. Das Gesamtproblem selbsterregter Schwingungen in Systemen mit veränderlichen Kennwerten zu untersuchen, erweist sich in den meisten Fällen als höchst schwierig. Glücklicherweise jedoch wird der Ingenieur nur selten mit derartigen Untersuchungen konfrontiert.

4.4 Einige in der Praxis vorkommende selbsterregte Schwingungen

Wenn ein System selbsterregt schwingen soll, dann ist dazu nicht nur eine Energiequelle notwendig, sondern es muß auch irgendein physikalischer Vorgang dafür sorgen, daß der Quelle Energie entzogen und dem Schwinger zugeführt wird. Im folgenden wollen wir nun das fast immer stattfindende Eingrenzen oder Abfangen der Bewegungen

4.4 Einige in der Praxis vorkommende selbsterregte Schwingungen 115

außer acht lassen und uns nur mit dem Einsetzen der Schwingungen beschäftigen. Mathematisch betrachtet ist das ein lineares Problem. Die Abfanggrenzen können wir damit freilich nicht bestimmen. Zuvor müssen wir uns noch mit der Frage der Dämpfung beschäftigen. Die Dämpfungs- oder Widerstands-Kräfte, die man etwa bei einem Löffel spürt, der durch Honig gezogen wird, können durch eine Kurve A-A wie in Bild 63 gekennzeichnet werden: je größer die Geschwindigkeit des Löffels ist, um so größer wird die Widerstandskraft; bei Umkehr der Bewegungsrichtung ändert sich auch die Richtung der Kraft. Gerade diese Art von Dämpfung wird im allgemeinen bei Untersuchungen einfacher Schwinger vorausgesetzt. Die Dämpfung kann dabei als eine Systemeigenschaft angesehen werden, die sich durch den Verlauf einer Kurve im Geschwindigkeits-Kraft-Diagramm nach Bild 63 kennzeichnen läßt. Man spricht im Fall der Kurve A von „viskoser Dämpfung"; mit ihr lassen sich bereits einige Fälle von Selbsterregung in wesentlichen Zügen erklären. Das soll später in diesem Kapitel geschehen.

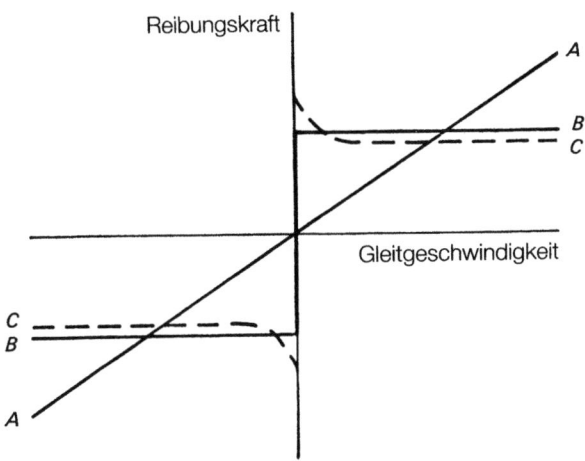

Bild 63

In der Praxis gibt es aber auch Schwinger, deren Selbsterregung einen ganz anderen Typ von Dämpfung voraussetzt. So wird durch die Kurve B von Bild 63 der Fall gekennzeichnet, bei dem zwei Körper mit trockener Oberfläche gegeneinander reiben. Auch bei dieser sogenannten „trockenen Reibung" ändert sich die Richtung der Kraft mit dem Umkehren der Bewegung; aber ihre Größe ist konstant,

4 Selbsterregte Schwingungen

unabhängig von der Geschwindigkeit. Bei genaueren Betrachtungen muß man allerdings die trockene Reibung durch kompliziertere Kurven, etwa von der Art der gestrichelten Kurve C, darstellen. Wichtig ist, daß Dämpfungen, wie sie durch die Kurven B oder C gegeben sind, nicht einfach durch einen konstanten Systembeiwert beschrieben werden können. Bei der viskosen Dämpfung nach Kurve A wäre das der Proportionalitätsfaktor zwischen Geschwindigkeit und Kraft, also die Steigung der Kurve A. Dieser Hinweis mag im Augenblick vielleicht noch unwichtig erscheinen, tatsächlich wird sich jedoch im Kapitel 6 herausstellen, daß er sehr wesentlich ist. Wir haben auch schon einige Male Schwinger erwähnt, bei denen trockene Reibung zur Selbsterregung führt: die quietschende Tür sowie die Streichinstrumente.

Nun sollen, wie schon angekündigt, selbsterregungsfähige Schwinger besprochen werden, bei denen viskose Dämpfung vorhanden ist. Als mögliche Energiequellen hatten wir früher schon Strömungsvorgänge erwähnt; sie bilden aber keineswegs die einzige Quelle der Selbsterregung. Einen anderen Systemtyp zeigt Bild 64: am freien Ende eines einseitig eingespannten flexiblen Stabes ist eine schwenkbare Laufrolle befestigt, die auf einem laufenden Band mit rauher Oberfläche rollen kann. Steigert man die Bandgeschwindigkeit, dann erreicht man einen Zustand, bei dem das Rad heftig zu wackeln beginnt. Genau diese Art von Bewegung läßt sich übrigens häufig bei Teewagen oder Gepäckkarren beobachten. Bei der am skizzierten Modell feststellbaren Erscheinung handelt es sich um ein Zweier-Flattern – im Sinne des bei Flugingenieuren üblichen Sprachgebrauchs. Allerdings wird die Bewegung erheblich komplizierter, wenn die Laufrolle mit einem verformbaren Gummireifen versehen ist.

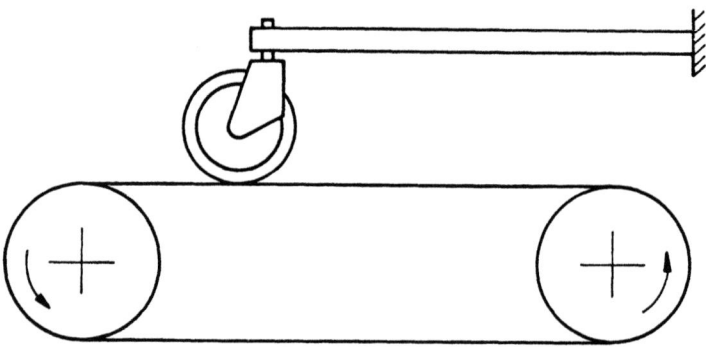

Bild 64

4.4 Einige in der Praxis vorkommende selbsterregte Schwingungen   117

Bild 65 Bruchlandung eines Flugzeugs infolge von Bugradschwingungen, die auf der Landepiste eine Zickzackspur hinterlassen haben. (Courtesy U. S. A. F., Dayton Ohio.)

Nicht ganz so harmlos wie der Teewagen-Flattereffekt ist das, was uns Bild 65 zeigt. Das Fahrgestell mancher Flugzeuge bereitet Kummer, wenn das Bugrad flatteranfällig ist. Dieses Problem hat man auch heutzutage noch nicht völlig im Griff. Die notwendige Energie für das Flattern wird auf jeden Fall von der Bewegungsenergie des Flugzeugs geliefert, und das in Bild 64 skizzierte Flattersystem deutet etwa an, wie die Selbsterregung zustande kommt. Man hat übrigens ähnliche Effekte auch bei Lastwagen-Anhängern beobachtet, die manchmal ins Pendeln geraten, wenn sie mit bestimmter Geschwindigkeit geschleppt werden. Und als Kinderspielzeug führt uns der getreue Boswell, den Bild 66 zeigt, denselben Effekt vor.

Man kann übrigens auch die in Bild 40 gezeigte elastische Welle zur Demonstration von selbsterregten Schwingungen verwenden. Das Verhalten der Welle ändert sich nämlich vollständig, wenn man ihre Dämpfung stark vergrößert. Das kann zum Beispiel durch Aufschrumpfen einer Metallhülse geschehen. Läßt man die so veränderte Welle anlaufen, dann erreicht sie ihre erste kritische Drehzahl genau wie im Fall der ungedämpften Welle. Nach Überschreiten dieser Drehzahl geht die Bewegung jedoch nicht wieder zurück; die Welle

4 Selbsterregte Schwingungen

Bild 66 Hier versucht der Spielzeughund Boswell den ölgefüllten Kunststoffschlauch von Bild 2 nachzuahmen, indem er, an der Leine nachgezogen, in beiden vertikalen Gelenken wackelt.

schwingt vielmehr dann unabhängig von Drehzahländerungen stets in der Form der Grundschwingung weiter.

Zur Erklärung dieses Verhaltens stellen wir zunächst fest, daß die Schwingenergie dem antreibenden Motor entnommen wird. Der Mechanismus der Energieübertragung vom Motor auf die schwingende Welle ist durch die Zusatzreibung zwischen Welle und aufgeschrumpfter Hülse bedingt. Diese Reibungskraft ist meist erheblich größer als die innere Reibung der Welle allein. Und es muß ausdrücklich betont werden, daß die Schwingungen nicht durch irgendwelche Wellendefekte, etwa Unwucht oder Deformationen, verursacht werden. Wie nun freilich die Instabilität im einzelnen zu erklären ist, kann hier nicht genauer untersucht werden. Wir wollen nur erwähnen, daß im vorliegenden Fall auch eine viskose Dämpfung anstelle der im Versuch vorhandenen trockenen Reibung denselben Effekt bringen würde.

Man darf nun freilich nicht behaupten, daß die Welle ein Beispiel dafür sei, Instabilität durch Vergrößern der viskosen Dämpfung zu erzeugen. Denn diese Art von instabiler Selbsterregung wird nicht so sehr durch die stärkere Dämpfung an sich, als vielmehr durch ein Ver-

4.4 Einige in der Praxis vorkommende selbsterregte Schwingungen

größern des Verhältnisses von innerer und äußerer Dämpfung hervorgerufen. Mit dem Vergrößern der äußeren, also von der Umgebung kommenden Dämpfung, ließe sich nämlich auch die rotierende Welle mit der aufgeschrumpften Hülse wieder stabilisieren.

Bevor wir nun die selbsterregt schwingende Welle verlassen, wollen wir noch einmal auf den Rotor von Bild 41 zurückkommen. An ihm läßt sich nämlich gerade jene Art von Problemen demonstrieren, mit denen sich Ingenieure herumschlagen müssen. Jeder gute Ingenieur hat irgendwann schon die Erfahrung gemacht, daß oft eine gehörige Portion Mut dazu gehört, in technisches Neuland vorzustoßen. Dabei aber können allzu tiefschürfende theoretische Überlegungen oft den erfinderischen Schwung hemmen und als Bremsklotz wirken. Andererseits wäre es töricht, die Aussagen der Theorie in den Wind zu schlagen. Schließlich treibt man ja Theorie, um etwas vorhersagen zu können. Und so wollen wir jetzt einen Fall betrachten, der geeignet ist, jeden Ingenieur aufhorchen zu lassen.

Bei elektrischen Generatoren werden Kupferstreifen in die Längsnuten des geschmiedeten Stahlkäfigs von Rotoren so eingepaßt, daß sie sorgfältig gegeneinander isoliert sind. Die umwickelten Streifen können aber bei drehendem Rotor an den Schlitzwänden reiben. Ein derartiger Reibungsvorgang führte aber bei der Welle mit aufgeschrumpfter Hülse zur Instabilität. Es wäre nun schlimm, wenn sich die oft riesig großen Generator-Rotoren ähnlich verhielten. Die Welle mit aufgeschrumpfter Hülse wird nach Durchlaufen der ersten kritischen Drehzahl instabil. Bei einem großen Generator liegt die erste Kritische noch unter 1000 Umdrehungen in der Minute; bei der Arbeitsdrehzahl von 3000 läuft er in der Nähe der vierten Kritischen und befindet sich damit im Bereich möglicher Instabilität. Sollte dabei einmal ein derartiger Rotor auseinanderfliegen, dann können tonnenschwere Metallstücke bis zu hundert Meter weit fortgeschleudert werden und dabei dicke Mauern durchschlagen. Glücklicherweise kommt das in der Praxis kaum vor, aber die Möglichkeit eines derartigen Versagens muß einkalkuliert werden.

Manche Eisenbahnwagen schaukeln heftig hin und her, wenn sie auf dem Schienenstrang dahinbrausen. Weil man sich dieses überraschende Phänomen zunächst nicht erklären konnte, wurde in den 50er Jahren ein internationaler Wettbewerb ausgeschrieben, um diesen Effekt genauer zu untersuchen. Leider blieb das ohne Erfolg, weil die Lösung schließlich in einer Richtung gefunden wurde, an die kein Eisenbahnspezialist gedacht hatte: selbsterregte Schwingungen! Aus der Sicht eines Schwingungsfachmannes ist ein schwingender Eisenbahnwagen ein Gebilde, das Angstträume wecken kann: ein eigenwil-

120   4 Selbsterregte Schwingungen

liger Verband unbekannter, noch dazu veränderlicher Steifigkeiten, Massen, Gelenkspiele und Reibungen. Und die Bahningenieure haben sich redlich mühen müssen, ehe man Schnellzüge routinemäßig einsetzen konnte.

Ohne hier auf die Einzelheiten des komplizierten Wagenschaukelns näher einzugehen, wollen wir nun das in Bild 67 gezeigte einfache Fahrzeugmodell betrachten. Es wird von zwei vierrädrigen, gegenüber dem Wagenkasten um die Vertikalachse drehbar und elastisch gefesselten Drehgestellen getragen. Auf Gummirädern rollt das Modell einen leicht geneigten Schienenstrang herunter. Dabei wird der Wagen instabil, sobald die Geschwindigkeit groß genug geworden ist. Die Flansche am Spurkranz der Räder kommen dabei wechselseitig mit den inneren Flanken der Schienen in Kontakt. Offensichtlich handelt es sich hierbei um eine selbsterregte Schwingung, denn periodische äußere Störungen sind nicht vorhanden. Energiequelle ist dabei die Bewegungsenergie des Wagens.

Bild 67 Modell eines Eisenbahnwagens, der bei Überschreiten einer bestimmten Fahrgeschwindigkeit quer zu den Schienen schwingt.

Bei einer Deutung dieser Bewegung müssen die Kräfte an der Kontaktstelle zwischen Rad und Schiene berücksichtigt werden. Diese Kräfte verursachen geringfügige Verformungen an Rad und Schiene; mathematisch betrachtet entsprechen sie etwa viskosen Dämpfungskräften, sind aber von erheblich komplizierterer Form. Man konnte jedoch zeigen, daß sich das Modell mit dieser Art von Kräften etwa so verhält wie das unsymmetrische System des schwingenden Tragflügels von Bild 59. Die kritische Fahrgeschwindigkeit kann vergrößert und so das Einsetzen der Instabilität herausgeschoben werden, wenn man die beiden Drehgestelle steifer an die Vertikalachsen fesselt. Dagegen hat die Dämpfung der Drehbewegung um diese Achsen nur wenig Einfluß.

4.5 Strömungs-selbsterregte Schwingungen

Wir hatten schon zuvor Beispiele von schwingenden Körpern angeführt, bei denen die Bewegung durch die Strömung des umgebenden Mediums zustande kommt. Jetzt sollen weitere strömungs-selbsterregte Systeme untersucht werden.

Bild 68 zeigt einen großen, nicht ausgemauerten Schornstein aus Stahlrohr. Derartige Schornsteine sind erheblich billiger als vergleichbare Ziegelschornsteine, und sie haben für den Anwender auch noch andere Vorteile. Als man den abgebildeten Schornstein aufgerichtet hatte, fing er im Wind zu schwanken an. Da diese Bewegung bei stetig blasendem Wind auftrat, also nicht durch Böen verursacht wurde, ließ sie sich nur durch das wechselseitige Ablösen von Wirbeln im Windschatten des Schornsteins erklären. Durch diese Wirbelablösung wird die Druckverteilung an den Seiten des Schornsteins periodisch verändert, und so das Schwingen angeregt. Einmal in Gang gesetzt, sorgen dann die Schwingungen selbst dafür, daß die Bewegung bestehen bleibt.

Derselbe Erregungsmechanismus hat bei anderen Schornsteintypen andere Schwingungsformen erzeugt. Bei einer von diesen bleibt beispielsweise die Achse des Schornsteins vertikal, während die Hülle zu atmen beginnt; das ergibt einen geradezu furchterregenden Anblick.

Man hat das wechselseitige Ablösen von Wirbeln an den Rändern eines in die Strömung gestellten Hindernisses vielfach untersucht, ohne daß es völlig erklärt werden konnte. Soviel ist jedoch klar: das Kielwasser hinter einem umströmten Körper pendelt wie ein wedelnder Schwanz hin und her.

Natürlich läßt sich das Phänomen des schwankenden Schornsteins nicht einfach durch die pendelnde Wirbelschleppe erklären. Man hat festgestellt, daß die Schwingungen stets dann einsetzen, wenn die Frequenz der Wirbelablösung etwa mit der ersten Eigenfrequenz des Schornsteins zusammenfällt. Deshalb kann man die Schwingung auch als eine erzwungene Resonanzbewegung deuten. Sie ist zugleich aber auch selbsterregt, weil die Bewegung des Schornsteins, erst einmal in Gang gekommen, auf die Frequenz der Wirbelablösung zurückwirkt.

122 4 Selbsterregte Schwingungen

Bild 68 Ein stählerner Schornstein, der bei mäßigem Wind infolge Wirbelablösung ins Schwingen kam. Die Schwingungen konnten durch Anbringen der im Foto sichtbaren Halteseile vermieden werden. (Courtesy U. K. A. E. A.)

4.5 Strömungs-selbsterregte Schwingungen 123

Eine Möglichkeit, Schwingungen von Schornsteinen nach Art des in Bild 68 gezeigten zu unterdrücken, besteht darin, Verspannungen anzubringen, wie sie im Bild zu sehen sind. Mit den Spannseilen lassen sich auch noch Dämpfer verbinden. Natürlich kann man den Schornstein auch mit Mauerwerk ausfüttern. Aber für den hier besprochenen Fall gibt es noch eine völlig andere Abhilfe gegen die Schwingungen: man muß den Erregermechanismus stören. Das kann durch spiralig um den Schornstein gewickelte Stolperdrähte oder „Spoiler" geschehen, wie sie in Bild 69 zu sehen sind. Sie verändern den Takt für das Ablösen der Wirbel so, daß sich die Wirkungen der Einzelwirbel teilweise kompensieren und der Schornstein insgesamt nicht mehr angeregt wird.

Bild 69
Die am Schornstein angebrachten spiraligen Spoiler verhindern das Schwingen des Schornsteins im Wind, weil sie die Wirbelablösung auf der Abwindseite stören.
(Crown Copyright)

Auch für andere interessante Schwingungsprobleme ist eine Wirbelablösung verantwortlich. So kann man durch das Sehrohr eines untergetauchten, in Fahrt befindlichen Unterseebootes oft nur ein verschwommenes Bild erhalten, weil der Rohrschaft wie ein Schornstein ins Schwingen gerät. Und jeder Seemann weiß, daß es manchmal schwierig ist, einen Schwimmkörper in Schlepp zu nehmen, insbesondere bei großen Geschwindigkeiten oder starkem Seegang. Es kann dabei passieren, daß der Schleppkörper wild hin und her pendelt, daß sich das Schlepptau verheddert oder gar bei plötzlichem Straffwerden reißt. Wirbelablösungen sind der Hauptgrund dafür,

4 Selbsterregte Schwingungen

daß sich das Schlepptau nicht ständig straff halten läßt. Man kann diese Schwierigkeiten manchmal durch Anbringen von stabilisierenden Kunststoffscheiben am Tau vermeiden; sie wirken wie Wetterfahnen in der Strömung und stören die Ablösung der Wirbel. Ihre Wirkung entspricht etwa der von „Spaltplatten", von denen in Bild 70 eine skizziert ist.

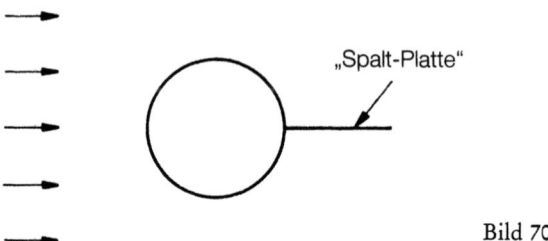

Bild 70

In einem Fall – so wird berichtet – sind in einem wassergefüllten zylindrischen Vorratsbehälter heftige Wellenbewegungen festgestellt worden, die durch windbedingte Wirbelablösungen an der Außenseite des Behälters ausgelöst wurden.

Auch Überlandleitungen können im Wind durch Wirbelablösung zu Schwingungen angeregt werden. Das ist für die Praxis sehr wichtig, weil dabei hohe Kabel-Belastungen auftreten und die Leitungen reißen können. Leider kann man die Wirbelentstehung in diesem Fall nicht einfach durch Anbringen von Spoilern stören. Jede Änderung an der Oberfläche der Kabel führt nämlich zu Korona-Entladungen, die zwar bei Nacht sehr hübsch anzusehen sind, die aber doch elektrische Verluste mit sich bringen. Wir hatten schon früher von den Kabelschwingungen gesprochen und in Bild 44 Dämpfer gezeigt, mit deren Hilfe die gefährliche Materialermüdung an den Einspannstellen der Kabel verringert werden kann.

Der zweifellos bekannteste Fall von strömungs-selbsterregten Schwingungen in der neueren Zeit betrifft die Hängebrücke über die Tacoma-Schlucht. Sie stürzte nur wenige Monate nach ihrer Fertigstellung im Herbst 1940 ein. Bild 1 zeigt ein Foto der Brücke während der schicksalsträchtigen Schwingungen. Als Entstehungsursache werden Wirbel angenommen, die sich an den Rändern der Fahrstraße – einer Konstruktion mit I-förmigem Querschnitt – abgelöst hatten. Nach sorgfältigen Untersuchungen hat man die Brücke mit einigen wichtigen Änderungen wieder errichtet. Dabei hat man sich von dem Gedanken leiten lassen, nicht etwa eine zusätzliche Dämpfung einzuführen, sondern die dem Wind ausgesetzten Flächen zu verändern.

4.5 Strömungs-selbsterregte Schwingungen

Auf diese Weise konnte der Mechanismus der Schwingungsanregung wirksam gestört werden.

Bauingenieure haben sehr viel Sorgfalt darauf verwendet, das Tacoma-Unglück zu analysieren, so daß sich ähnliches voraussichtlich nicht wiederholen wird. Das bedeutet freilich nicht, daß man winderregte Schwingungen bei Brücken nun vergessen darf. Ein anderer interessanter Fall von solchen Schwingungen ist während des Baus der Türme für eine neue Brücke über den Firth of Forth beobachtet worden. Nach Fertigstellung der Fundamente konnte der in Bild 71 abgebildete Nordturm der Brücke ohne jede Störung bis zu einer Höhe von 120 cm hochgezogen werden. Danach aber fing der Turm schon bei mäßigem Wind mit Windgeschwindigkeiten um 9–13,5 m/s zu schwingen an, obwohl er zuvor unbeschadet Windgeschwindigkeiten bis zu 36 m/s überstanden hatte. Natürlich wurden die Arbeiten oben am Turm dadurch behindert. Der Zustand besserte sich auch nicht, nachdem die volle Bauhöhe von 152 m erreicht war; jetzt gab es an der Spitze gelegentlich sogar Schwingungen bis zu Amplituden von 1,25 m bei einer Frequenz von 0,25 Hz. Bei diesen

Bild 71
Nordturm der Forth-Road-Bridge, der während des Baus ins Schwingen kam. Durch Anbringen von Laufstegen konnte das verhindert werden.
(Courtesy A. D. C. Bridge Co.)

Schwankungen gingen sogar die unteren horizontalen Nahtstellen zwischen den geschweißten Kastenträgern auf und zu. Die Amplitude der Biegeschwingungen wurde durch das Anbringen von dämpfenden Verspannungen bis auf etwa 15 cm verringert, so daß weitergearbeitet werden konnte. Nach der Montage des Schlußstücks an der Spitze wurden dann Laufstege in Richtung der vorgesehenen Tragkabelstränge angebracht, um die Montage durchführen zu können. Dabei stellte sich heraus, daß diese Laufstege die Turmschwingungen so gut dämpften, daß man die zuvor angebrachten Verspannungen wieder fortnehmen konnte. Berechnungen zeigten schließlich, daß der freistehende Turm nur während des Baus bei ganz bestimmten Windbedingungen angeregt wurde; die fertige Brücke selbst erwies sich dagegen als nicht schwingungsanfällig.

Eine der Hauptgrenzen für die Konstruktion von Strahltriebwerken kann in der beschränkten Widerstandsfähigkeit der Turbinenschaufeln gegenüber den rauhen Betriebsbedingungen gesehen werden. Die Schaufeln werden in verschiedener Weise zu Schwingungen angeregt, unter anderen können auch selbsterregte Flatterschwingungen auftreten. Dieses Flattern wird jedoch nicht durch regelmäßiges Ablösen von Wirbeln ausgelöst, vielmehr ist es dem in Bild 57 angedeuteten Phänomen verwandt. Es ist ja recht schwierig, ein Fluid aus einem Gebiet mit niederem Druck gleichmäßig und glatt in ein Gebiet höheren Druckes strömen zu lassen – und eben dies soll eine Kompressorturbine tun. Das Fluid schmiegt sich dabei nicht sanft an die Oberflächen an, über die es strömen muß; vielmehr neigt die Strömung dazu, sich abzulösen und dann unregelmäßige Wirbelzöpfe zu bilden.

Die Strömungsvorgänge im Innern von Turbinen sind extrem undurchsichtig, so daß man bezüglich der Bedingungen, unter denen die Schaufeln zu schwingen anfangen, noch zum großen Teil auf Vermutungen angewiesen ist. Eines allerdings hat man herausgefunden: es ist günstig, wenn Reibungen im Schaufelpaket vorhanden sind. Deshalb bringt man Reibungsdämpfer an den Einspannstellen der Schaufeln an und verwendet für die Schaufeln selbst manchmal auch Faserwerkstoffe anstelle der sonst gebräuchlichen Speziallegierungen.

Übrigens kommen hochtourige flexible Wellen häufig auch wegen des Ölfilms in den verwendeten Gleitlagern ins Schwingen. Auch dabei handelt es sich um eine Selbsterregung, deren Energie aus dem Antriebsmotor kommt. Der Erregermechanismus ist aber noch nicht in allen Punkten aufgeklärt. Bei großen Anlagen hat man häufig keine andere Möglichkeit als Gleitlager zu verwenden, zumal sie auch sonst Vorteile bringen. Aber die Vorstellung, daß der Schmierfilm in

4.5 Strömungs-selbsterregte Schwingungen

diesen Lagern eine schnellaufende Welle, wie etwa die in Bild 42 gezeigte, über längere Zeit hindurch in den Lagern tanzen läßt, kann einem schon Kopfschmerzen bereiten. Glücklicherweise ist es, vorwiegend durch Probieren, gelungen, selbsterregte Schwingungen dieser Art zu unterdrücken.

Bei allen bis jetzt in diesem Kapitel betrachten Fällen haben wir die Bewegungen von Körpern untersucht, an deren Oberflächen veränderliche, strömungsbedingte Druckverteilungen vorkommen. Die Drücke hängen aber ihrerseits von der Bewegung der Körper ab. Nun muß aber die Strömung, die die Anregung bewirkt, keineswegs um den Körper herumlaufen; sie kann auch durch ihn hindurch fließen. So hat man auch bei Rohrleitungen für Öl selbsterregte Schwingungen beobachtet, und ein frei hängender, wasserdurchströmter Gartenschlauch schlenkert meist in abenteuerlicher Weise hin und her. Damit aber stoßen wir auf einen interessanten und wohl unerwarteten Zusammenhang.

Lassen Sie uns einmal ganz allgemein einen Körper betrachten, der sich in einer Strömung befindet. Die von der Strömung auf den Körper ausgeübten Kräfte sind teilweise eine Folge der Bewegung des Körpers selbst. Dabei wird meist der Einfachheit halber angenommen, daß die zu einem bestimmten Zeitpunkt wirkende Strömungskraft von der Körperbewegung zu eben diesem Zeitpunkt abhängt. Die Annahme ist sicher zulässig, wenn die Strömung etwa durch ein flexibles Rohr fließt und dieses zu Schwingungen anregt. Aber im allgemeinen gilt die Annahme nicht streng, weil sich das strömende Fluid nicht sofort auf die Veränderungen der Geometrie des umströmten Bereiches einstellen kann. Als Folge davon ändert sich die Verteilung der Strömungskräfte nur träge – sie hat eine Art von „Gedächtnis".

Da der Gedanke mit dem Gedächtnis von grundsätzlicher Bedeutung ist, wollen wir ihn noch an einem anderen Beispiel erläutern, das sicher noch wichtiger als eine Rohrströmung ist. Während wir früher in den Bildern 59 und 60 Tragflügel betrachtet hatten, die sich im Luftstrom bewegen können, denken wir uns jetzt einen Tragflügel nach Bild 72 in der Strömung festgehal-

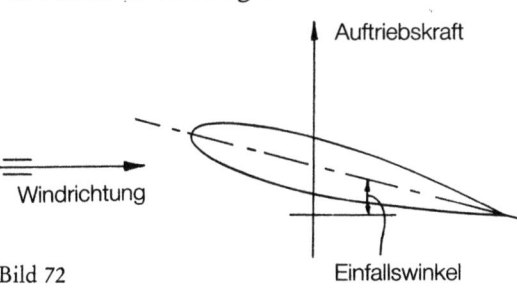

Bild 72

128   4 Selbsterregte Schwingungen

ten. Die Strömung übt dabei sowohl eine Auftriebs- als auch eine Widerstands-Kraft auf den Tragflügel aus. Bei kleinen Anstellwinkeln ist die Auftriebskraft proportional zu diesem Winkel. Wenn man nun aber den Anstellwinkel plötzlich ändert, dann ändert sich auch die Auftriebskraft. Dabei ändert sich das Strömungsfeld um den Tragflügel, und dieser Vorgang ist mit dem Ablösen eines Wirbels an der Hinterkante des Tragflügels verbunden. Dieser Wirbel wird von der Strömung mitgenommen. Der hier geschilderte Vorgang benötigt eine gewisse Zeit, so daß die Kräfte nicht sofort den Veränderungen des Anstellwinkels folgen können.

Man kann diesen Sonderfall noch weiter untersuchen: wenn sich ein Tragflügel gleichmäßig im Luftstrom, stets mit kleinem Anstellwinkel bewegt, dann ist die zu einem bestimmten Zeitpunkt wirkende Luftkraft nicht dieselbe, wie sie für einen am gleichen Ort „eingefroren" gedachten Tragflügel sein würde. Dieser Effekt ist in letzter Zeit mehrfach in Forschungsarbeiten untersucht worden, freilich mehr für den Fall von bewegten Schiffen als für Tragflügel.

Bild 73 Die Kaffeekanne schaukelt langsam auf ihrem leicht balligen Boden, wenn man sie auf eine heiße Herdplatte stellt.
(Courtesy U. C. H. M. S.)

4.5 Strömungs-selbsterregte Schwingungen

Nicht nur in diesem Buch, sondern auch allgemein wird die Ansicht vertreten, daß selbsterregte Schwingungen eine große Klasse von Bewegungserscheinungen bilden, deren jede individuell untersucht werden muß. Hierzu noch ein Beispiel: Bild 73 zeigt eine Kaffeekanne, die im Seminarraum unserer Universität auf einer Heizplatte steht und dort ständig auf ihrem leicht gewölbten Boden hin und her schaukelt. Energiequelle für dieses Schaukeln ist die Heizplatte, und auch die Energiezufuhr zum Schwinger geschieht in Form von Wärme. Aber wie nun die Schaukelei im einzelnen zustande kommt, das zu beschreiben, würde die Kenntnis alles dessen voraussetzen, was in der Kanne und mit der Flüssigkeit geschieht. Übrigens kann man durch Experimente leicht feststellen, daß der Effekt auch auftreten kann, wenn der Kaffee nicht kocht oder sogar ziemlich kalt ist. So ist uns diese Kaffeekanne in doppeltem Sinne von Nutzen: sie liefert Kaffee – und sie demonstriert uns augenfällig, daß die Physik der selbsterregten Schwingungen noch voller Geheimnisse steckt.

5 Stoßerregung und Wellen

Ein stoßendes Schlagen
Wie Keulen auf Planken
Läßt uns seit Tagen
Nur mühsam noch wanken.
Doch nie wird der Mut
Im Herzen vergeh'n,
Was sich auch tut:
Wir werden bestehen!

Neath this blow
Worse than stab of dagger –
Though we mo –
Mentarily stagger
In each heart
Proud are we innately –
Let's depart
Dignified and stately.

Jede ständig wirkende periodische Erregung kann in sinusförmige Komponenten zerlegt werden. Das gilt auch bei so komplizierten Schwingungsformen wie sie Bild 8 zeigt. Die von einer der Sinuskomponenten angeregte Schwingung läßt sich ausrechnen; sie ist von dem in Kapitel 3 untersuchten Typ. Nun aber stellt sich die Frage: was passiert, wenn die Erregung nicht periodisch ist? Man denke dabei etwa an ein Haus, das von Erdbeben meist nur kurzzeitig geschüttelt wird.

Wir wollen uns in diesem Kapitel mit Schwingungen in solchen Systemen befassen, die unregelmäßigen, also sich nicht periodisch wiederholenden Erregerkräften ausgesetzt sind. Dazu gehört auch der technisch sehr wichtige Fall des Stoßes. Bei Stoßerregungen ist die Dauer der Erregung begrenzt. Die angestoßene Bewegung klingt ab; man spricht dann von einem Ausschwing-Vorgang oder allgemein auch von Übergangsschwingungen.

Bei manchen Ausschwing-Vorgängen hat man den Eindruck, als pflanzten sich Deformationen wellenartig durch die Teile des Systems fort. Wenn auch eine solche Auffassung der Bewegungen als Welle den zuvor gegebenen Beschreibungen zum Verhalten von Schwingern zu widersprechen scheint, so gibt sie dennoch häufig ein übersichtlicheres Bild von den wirklich eintretenden Vorgängen.

5.1 Übergangsschwingungen

Das Eigenschwingungsverhalten ist entscheidend dafür, wie sich ein Schwinger nach einer Kurzzeit-Erregung verhält. Schlägt man einen Gong mit einem gepolsterten Klöppel an, dann sind Gong und Klöppel tatsächlich nur über kurze Zeit miteinander in Kontakt. Danach schwingt der Gong frei aus und strahlt den uns so vertrauten Ton ab. Die freien Schwingungen des Gongs bestehen aus verschiedenen Eigenschwingungen mit jeweils eigener Frequenz und Schwingungsform. Die Teilschwingungen klingen ab, weil durch das Abstrahlen von Schall Energie verloren geht und außerdem noch innere Reibungen im Gong zur Dämpfung beitragen. Den zweitgenannten Anteil macht man durch Wahl des Materials sowie durch geeignetes Aufhängen des Gongs klein. Schlägt man einen Gong nicht mit weichem Klöppel, sondern etwa mit einem harten Holzstab an, dann hört man einen veränderten Ton. Das liegt an der jetzt veränderten Mischung, d.h. an der anderen relativen Intensität der vorhandenen Teilschwingungen.

Kurzzeit-Erregungen gibt es in vielfältiger Form bei zahlreichen technischen Systemen. So wird beispielsweise ein Kraftwagen bei jedem Bremsen oder Beschleunigen zu Nickschwingungen angeregt. Entsprechend zittert eine Tür kurzzeitig, wenn sie beim Öffnen gegen einen Puffer oder beim Schließen gegen den Rahmen stößt.

Bei Explosionen werden benachbarte Gebäude meist durch Druckwellen zerstört – ein Verhalten, dessen Zustandekommen im Rahmen dieses Buches nicht genauer untersucht werden kann. Fernerstehende Bauwerke werden dagegen vorwiegend durch die von der Explosion ausgelösten Bodenbewegungen erschüttert. Als gegen Ende des Zweiten Weltkrieges Atombomben über Japan explodierten, wurden viele Bauten durch die Wirkung dieser furchtbaren Waffe zerstört. Völlig überraschend blieben jedoch einige große Schornsteine stehen: Bild 74 zeigt eine Ansicht von Nagasaki mit Blick auf die Explosionsstelle; etwa 1,5 km hinter der Schornsteingruppe in der Mitte des Fotos explodierte die Bombe. Obwohl ringsum alles zerstört ist, blieben diese Schornsteine stehen. Warum dies geschah, werden wir später vielleicht etwas besser verstehen.

Die Erregung durch eine Druckwelle hat nur wenig mit den Anregungen gemein, denen eine Brücke durch einen darüber fahrenden

132   5 Stoßerregung und Wellen

Bild 74 Foto von der zerstörten Stadt Nagasaki, aufgenommen in Richtung auf die Explosionsstelle der Atombombe. Während die meisten Gebäude einstürzten, blieben Schornsteine stehen. (Crown Copyright)

Wagen ausgesetzt ist. Wenn wir annehmen, daß die Masse des Wagens klein gegenüber der Masse der Brücke ist, dann wird die Brücke durch eine konstante Kraft, das Gewicht des Wagens, belastet; aber der Ort des Kraftangriffs bewegt sich auf der Fahrbahn weiter. Natürlich wird sich die Brücke unter dem Einfluß dieser Belastung verformen. Da sich der Wagen bewegt ist klar, daß auch die Verformung zeitveränderlich ist. Ihr Zeitverlauf wird wesentlich durch die Geschwindigkeit des Wagens bestimmt. Wenn nun aber statt eines leichten Wagens eine schwere Lokomotive über die Brücke fährt, dann sind die Verhältnisse erheblich komplizierter. Die Masse der Lokomotive liefert nämlich einen beachtlichen Beitrag zu der Gesamtmasse, die bei Schwingungen in Bewegung gesetzt werden muß. Ferner kommt hinzu, daß die Brücke, wegen des üblicherweise bei Lokomotiven vorhandenen Antriebsmechanismus, den sich ständig wiederholenden stampfenden Schlägen ausgesetzt ist.

Auch Flugzeuge sind wechselnden Belastungen unterworfen, von denen der Landestoß ein besonders markantes Beispiel ist. Aber auch beim Durchfliegen von Böen oder Turbulenzen wirken unregelmäßige Erregerkräfte von begrenzter Dauer.

5.2 Langsame und plötzliche Übergangsschwingungen 133

Wir haben früher davon gesprochen, daß die Rotoren von Generatoren – in Bild 41a wurde einer gezeigt – durch Turbinen mit 3000 Umdrehungen in der Minute angetrieben werden, damit Wechselstrom mit einer Normfrequenz von 50 Hz erzeugt wird. Die rotierenden Teile bilden im wesentlichen einen großen Elektromagneten mit Nord- und Süd-Pol, dessen Speisestrom über Schleifringe zugeführt wird. Der Rotor läuft in einem eisernen Statorgehäuse. Dieses trägt die Induktionsspulen, in denen beim Betrieb des Generators Spannungen induziert werden und Strom an das Verbrauchernetz weitergeleitet wird. Bei jeder plötzlichen Änderung der Belastung im Netz – und die kann bei einem Kurzschluß extrem groß werden – wird auch das vom Stator auf den Rotor-Magneten ausgeübte Drehmoment verändert. Durch solche Störmomente, deren zeitlicher Verlauf von der Art der Belastungsänderungen abhängt, kann der Rotor kurzfristig tordiert und auch das Gehäuse relativ zum Rotor zu Torsionsschwingungen angeregt werden. Beim Rotor überlagern sich die Torsionsschwingungen der normalen Drehbewegung.

Schwingungsfachleute haben im Laufe der letzten Jahre den nichtperiodischen Belastungen besondere Aufmerksamkeit geschenkt, um sowohl die Art der Belastungen als auch die dadurch ausgelösten Wirkungen zu erkunden. Dieses Forschungsgebiet weitet sich noch aus, denn es ist unschwer einzusehen, daß die Analyse von nicht-periodischen Wechsellasten wie sie bei Schiffen, Flugzeugen, Fahrzeugen, Brücken und anderen Bauwerken vorkommen, eine ebenso vielseitige wie umfangreiche Aufgabe bildet.

5.2 Langsame und plötzliche Übergangsschwingungen

Wir haben bereits gehört, daß Erregungen von begrenzter Dauer grundsätzliche und ziemlich komplizierte Fragen aufwerfen. So zeigt die Erfahrung, daß sich die auf diesem Gebiet erzielten Ergebnisse nur schwer verallgemeinern lassen. Eine Verallgemeinerung ist allerdings möglich, wenn man die Verschiedenheiten im zeitlichen Ablauf der Erregung berücksichtigt. Dabei sollen hier zunächst alle jene Fragen ausgeklammert werden, die mit Veränderungen der erregten Systeme selbst zusammenhängen; vielmehr wollen wir uns auf die Art und Weise konzentrieren, wie eine Stoßbelastung auf das System einwirkt. Dann werden wir ihre Folgen leichter erkennen können.

Zunächst betrachten wir „langsame" Erregerkräfte, Störkräfte also, die sich nicht schnell und schon gar nicht plötzlich ändern. Alle wesentlichen Veränderungen der Störkraftgröße sollen in Zeiten ablaufen, die erheblich größer sind als die Schwingungszeiten aller ins

5 Stoßerregung und Wellen

Spiel kommenden Eigenschwingungen des beaufschlagten Systems. Sind diese Voraussetzungen erfüllt, dann verformt sich das System genauso wie bei statischen Belastungen: zu jedem Zeitpunkt entspricht die Verformung dann dem Wert, der bei statischer Einwirkung der zu eben diesem Zeitpunkt vorhandenen Kraft auftreten würde. Das ist ein wichtiges Ergebnis, dessen besondere praktische Bedeutung leicht an einem Beispiel aus dem Bauwesen demonstriert werden kann.

Wir wollen einen Kraftwagen betrachten, der mit konstanter Geschwindigkeit erst auf einer geraden Straße fährt, dann einen kreisförmigen Kurvenbogen durchläuft und diesen schließlich in tangentialer Richtung wieder verläßt. Beim Einfahren in die Kurve sucht eine Trägheitskraft, die Zentrifugalkraft, den Wagen nach außen zu ziehen. Bei plötzlichem Einsetzen dieser Kraft wird der Wagenkasten zur Seite gedrückt und neigt sich schwingend gegenüber dem Chassis. Die Schwingbewegung klingt wegen der stets vorhandenen Dämpfer rasch ab. Beim Verlassen der Kurve kommt der Wagenkasten in seine ursprüngliche Gleichgewichtslage zurück und schwingt dann kurzzeitig um diese Lage, aus der er durch die plötzlich einsetzende Zentrifugalkraft herausgeworfen wurde.

Ein derartiges Verhalten ist in hohem Grade lästig, und es ist klar, daß jeder Fahrer instinktiv die geschilderten Effekte dadurch mildert, daß er das Steuer nicht plötzlich herumreißt, also von der Geraden nicht ruckartig in den Kreis einfährt. Natürlich werden Straßenkurven in Wirklichkeit nicht einfach als Kreisbögen ausgeführt; man verbindet vielmehr Geradenstücke und Bögen durch sorgfältig konstruierte, sanfte Übergangskurven miteinander. Dann wachsen die Seitenkräfte beim Einfahren in den Bogen langsam auf ihren Maximalwert an. Vergeht dabei erheblich mehr Zeit als es der Schwingungszeit für die seitliche Rollschwingung des Wagenkastens entspricht, dann spüren die Insassen keinerlei Schwingung mehr, sondern höchstens eine leichte Schräglage.

Obwohl jede Autobahnkurve aus einem Kreisbogenstück und zwei Übergangsbögen besteht, kann man solche Teilstücke auch aus Luftaufnahmen kaum erkennen. Eine ziemlich starke Kurve der Doncaster Autobahn ist in Bild 75 dargestellt. Selbst in diesem Fall ist der Unterschied zwischen Kreisbögen (K) und Übergängen (Ü) nur schwer auszumachen.

Fährt ein Wagen über eine Bodenerhebung, dann müssen die Räder vorübergehend nach oben ausweichen. Wegen der Federung einerseits in den Reifen und andererseits zwischen Achsen und Chassis wird die Bewegung jedoch nicht unmittelbar zu den Insassen des Wagens weitergeleitet; vielmehr werden zunächst nur die Räder kurzzei-

5.2 Langsame und plötzliche Übergangsschwingungen

tig ausgelenkt. Dabei werden die Wagenfedern zusammengedrückt und regen so auch ein Auf- und Ab-Schwingen des Wagenkastens an.

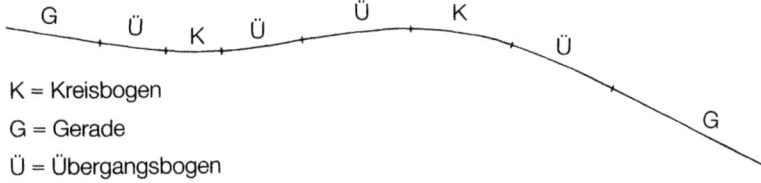

K = Kreisbogen
G = Gerade
Ü = Übergangsbogen

Bild 75

Die freien Schwingungen werden durch die Dämpfer meist rasch abgebaut; bei ausgebauten Dämpfern hätten die Insassen jedoch eine nervierend holprige Fahrt zu erdulden. Auch hier stellt sich die Frage nach „langsamer" oder „plötzlicher" Erregung. Wenn zum Beispiel ein Wagen über eine Buckel-Brücke schleicht, dann wird die Unterhaltung der Insassen sicher nicht beeinträchtigt; rast der Wagen aber schnell über dieselbe Brücke, dann darf die Erregung nicht mehr als langsam angesehen werden – die Insassen spüren das deutlich und schweigen wie nach üppigem Mahl.

Zum Unterschied von den „langsamen" Erregungen wechseln im anderen Extremfall der „plötzlichen" Lasten die erregenden Kräfte so schnell, daß der ganze Belastungsvorgang längst vorbei ist, bevor das belastete System eine Eigenschwingung ausführen kann. Man spricht dann von „Stoßbelastung" oder auch von „Impuls-Erregung". Aus der Mechanik ist bekannt, daß durch Stoßkräfte ein Impuls auf das gestoßene System übertragen wird, der von Stärke und Dauer der Stoßkraft abhängt. Nach dem Stoß beginnt das gestoßene System frei zu schwingen mit gerade der Anfangsgeschwindigkeit, die ihm durch den Stoß erteilt wurde. Die Anfangslage für die freien Schwingungen ist also dieselbe wie zu Beginn des Stoßes, da sich das System während der kurzen Stoßzeit nicht merklich verschieben kann. Seine maximale Auslenkung erreicht das System erst später als Folge der durch den Stoß angeregten freien Schwingungen. Wahrscheinlich ist es dieser Effekt, der die in Bild 74 gezeigten japanischen Schornsteine vor dem Einsturz bewahrte.

Wir werden sehen, daß die bei Stoßbelastungen auftretenden Probleme andere Untersuchungsmethoden nahelegen, als wir sie bisher kennengelernt haben. So kann man beispielsweise mit Hilfe des Begriffs der Wellenbewegung leichter Einblick gewinnen.

136 5 Stoßerregung und Wellen

5.3 Freie Spannungswellen

Mehrmals schon sind wir bei unseren Betrachtungen bis an die Grenzen vorgestoßen, die den Bereich der Schwingungsforschung von benachbarten Forschungsgebieten trennen. Jedesmal haben wir einen Blick über den Zaun geworfen, uns aber dann rasch wieder den Schwingungen zugewandt. Nun aber stoßen wir auf eine Grenze, die überschritten werden muß.

Wir wollen Systembewegungen untersuchen, bei denen mehrere Schwingungsformen berücksichtigt werden müssen. Ein gutes Beispiel dafür ist das Seil, zum Beispiel eine Wäscheleine, die einseitig befestigt ist, während das andere Ende in der Hand gehalten wird. Wenn bei gespanntem Seil das freie Ende sehr langsam auf und ab bewegt wird, dann wandert auch jeder Punkt des Seils mit auf und ab. Eine derartige Bewegung hatten wir früher einmal als Schaukelbewegung bezeichnet. Hält man die Hand an, dann hört auch die Bewegung des Seils auf; es bleiben keine Restschwingungen übrig. Freilich ist das bei einem sehr langen Seil manchmal nur schwer zu erreichen.

Nun sei die Hand etwas schneller auf und ab bewegt: dann werden Bewegungen des Seils angeregt, die als freie Schwingungen anhalten, auch wenn die Bewegung der Hand aufhört. Diese freien Schwingungen können in einer oder in mehreren der möglichen Schwingungsformen erfolgen. So läßt sich das Seil dadurch in der Grundschwingungsform anregen, daß sein Ende mit der entsprechenden Frequenz auf und ab bewegt und dann plötzlich festgehalten wird. Dieses Verfahren hatten wir übrigens schon im Kapitel 2.1 kennengelernt. Entsprechend könnte man das Seil bei geeigneter Anregung auch in der zweiten, dritten usw. Schwingungsform schwingen lassen.

Jetzt wollen wir untersuchen, was passiert, wenn das freie Ende des Seils ruckartig so rasch einmal auf und ab bewegt wird, daß die Dauer dieser Auslenkung viel kleiner als die Schwingungszeit der Grundschwingung ist. Nach unseren bisherigen Erkenntnissen werden wir erwarten, jetzt Eigenschwingungen in verschiedenen Eigenformen mit möglicherweise recht hohen Frequenzen zu beobachten. Tatsächlich aber stellen wir fest, daß die aufgeprägte Störung als Welle am Seil entlangläuft. Die Welle wird am festen Ende reflektiert und kommt wieder zur Hand zurück. Dort wird sie wiederum reflektiert und läuft so weiter hin und her, bis sie schließlich infolge der stets vorhandenen Dämpfung abklingt.

Diese Erscheinung verdient besondere Beachtung: ein plötzlicher Schlag auf das Seilende führt zum Entstehen einer Welle, die am Seil hin und her läuft. Andererseits wissen wir, daß das Seil zugleich in

5.3 Freie Spannungswellen

verschiedenen Eigenformen frei schwingt. Die Überlagerung der von den verschiedenen Eigenschwingungen herrührenden Auslenkungen ist aber kaum zu erkennen. Wir wissen zwar, daß mit Sicherheit ein beachtlicher Anteil von hochfrequenten Eigenschwingungen darin enthalten ist, haben aber Schwierigkeiten, diese Eigenschwingungen in der sichtbaren Wellenbewegung auszumachen.

Es lohnt sich, dieses Verhalten auch noch mit einem anderen Apparat zu demonstrieren, der jetzt beschrieben werden soll. Was wir brauchen ist ein System, das einerseits viele niedrigfrequente Eigenschwingungen ausführen kann und das andererseits hinreichend groß ist, um die Bewegungen deutlich erkennbar zu zeigen. Wir nehmen hierzu ein langes Stahlband, das von der Decke herunterhängt. Am Band sind in regelmäßigen Abständen, wie Bild 76 zeigt, horizontale Querbalken befestigt. Die Abstände der 0,5 m langen Balken betragen 0,25 m. An den Enden der Balken sind Zusatzmassen befestigt, um die Trägheit gegenüber Drehbewegungen um die Bandachse zu vergrößern. Das Metallband kann als ein Torsionspendel verwendet werden: verdreht man den Querbalken am unteren Ende des Bandes etwas und gibt ihn wieder frei, dann stellt man fest, daß die Störung nach oben wandert, dort reflektiert wird und wieder herunterkommt.

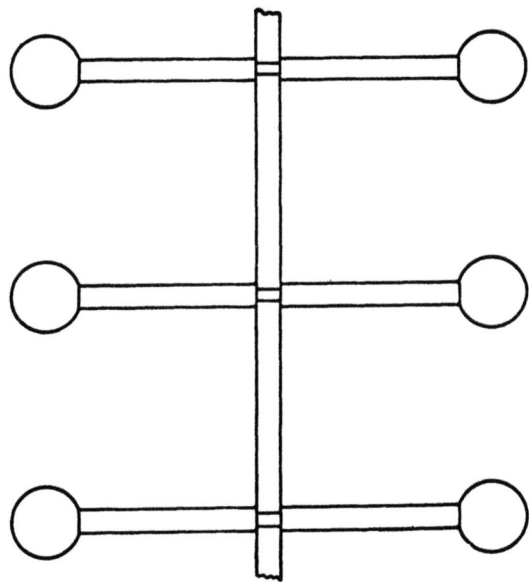

Bild 76

Bei diesem so offenkundigen Sachverhalt wäre es töricht, wollten wir nicht den Begriff einer wandernden Welle zur Erklärung heranziehen; er ist um vieles durchsichtiger, als das im vorliegenden Fall viel zu komplizierte Konzept der Eigenschwingungen. Das gilt insbesondere unter zwei speziellen Voraussetzungen: ersten sollen sich die Wellen möglichst ungehindert ausbreiten können; dazu müssen die Grenzen, durch die die Wellenausbreitung behindert wird, weit genug vom Ort der Erregung entfernt sein; zweitens aber sollte das die Wellen leitende Medium hinreichend „zäh" sein, um die Wellen auszudämpfen, bevor sie die fernen Systemgrenzen erreicht haben. Wenn diese Voraussetzungen erfüllt sind, dann wird die Wellenausbreitung nicht durch Reflektionen gestört. Man denke etwa an eine kilometerlange Wäscheleine: wird ihr freies Ende angestoßen, dann können wir beobachten, wie die Welle fortläuft und nicht wieder zurückkommt. Solch ein Verhalten ist uns durchaus vertraut, weil genau das Entsprechende passiert, wenn ein Stein in einen Teich geworfen wird. Die von der Einschlagstelle ausgehenden Wellen sind meist abgeklungen, bevor sie das Ufer erreichen; deshalb kehren sie auch nicht wieder zur Einschlagstelle zurück. Wir können von „freien Wellen" sprechen, die durch eine Anfangsstörung als eine Art von freien Schwingungen angeregt werden.

Wenn wir über Wellen nachdenken, lernen wir neue Begriffe kennen. Dadurch bildet sich so eine Art von Wellen-Bewußtsein heraus. So liegt zum Beispiel die Idee nahe, irgendwelche Informationen mit Hilfe von Wellen zu übertragen. Die Wäscheleine oder auch das Stahlband-Torsionspendel könnten Informationen in Form von Störauslenkungen weiterleiten. Man kann das übrigens besonders gut mit Hilfe einer sehr langen Schraubenfeder demonstrieren, die von der Decke herunterhängt und am unteren Ende ein Gewicht trägt. Hebt man dieses Endgewicht mit der Hand ruckartig um etwa 0,5 m an, dann läuft die Information – Ortsveränderung des Gewichtes – nach oben weiter. Das Gewicht selbst bleibt solange an seinem neuen Ort, bis die Welle nach oben gelaufen, dort reflektiert und schließlich wieder unten angekommen ist. Wäre die Einspannstelle der Schraubenfeder sehr weit entfernt, dann würde das Gewicht einfach an der Stelle verbleiben, in die es gehoben wurde.

Die Informationsübertragung durch Wellen liefert auch eine Erklärung dafür, weshalb empfindliche Gegenstände durch Verpacken in Schaumstoff gut geschützt werden können. Wenn ein solches Paket herunterfällt, dann erreicht die von außen eingeleitete Stoß-Information das Objekt im Innern nur in stark abgeschwächter Form, weil die entstehenden Wellen im Schaumstoff gedämpft werden.

5.3 Freie Spannungswellen

Die durch eine Welle weitergeleitete Information kann als Verformung oder auch als Spannung in einem Bauteil auftreten. Schlägt man zum Beispiel mit einem Hammer auf das Ende eines Stabes, dann läuft eine Verformungsstörung von der Anschlagstelle ausgehend am Stab entlang. Mit den Dehnungen wird aber zugleich auch ein System von Spannungen transportiert. Wenn wir einen konischen Stab aus sprödem Material an seinem stumpfen Ende anstoßen, dann läuft eine Kompressionswelle zum spitzen Ende hin; sie wird dort als Dehnungswelle reflektiert. Da nun sprödes Material gegenüber Dehnungen sehr empfindlich ist, kann es beim Rücklauf der Welle zum Bruch des Stabes kommen.

Diese Zusammenhänge können recht gut durch eine Reihe von Münzen illustriert werden, die hintereinander so in einer gut gepuderten, horizontalen Nut liegen, daß sie sich gegenseitig berühren. Wird eine Münze am Ende zurückgezogen und dann gegen die ruhende Reihe der anderen geschnippt, dann fliegt die letzte Münze am anderen Ende der Reihe fort. Läßt man zwei Münzen gegen die ruhenden anderen Münzen stoßen, dann fliegen entsprechend auch zwei Münzen am anderen Ende fort, und so weiter. Man kann sich das Ergebnis so vorstellen, daß eine Art Spannungswelle durch die Münzenreihe läuft. Jede Münze fungiert dabei nacheinander als gestoßener und stoßender Körper.

Überlegungen dieser Art führen zu der Frage, ob es möglich ist, eine Sperre für Wellen zu schaffen. Wenn zum Beispiel ein schwerer Fallhammer in einer Fabrik arbeitet, dann wird bei jedem Schlag eine freie Welle im Fundament, auf dem der Hammer steht, ausgelöst. Solche Wellen erschüttern die benachbarten Maschinen und können auch noch weiteres Unheil anrichten. Deshalb liegt die Frage nahe, ob man nicht die Welle irgendwie abfangen und damit ihre Ausbreitung verhindern kann. Tatsächlich läßt sich zeigen, daß erhebliche Verbesserungen durch Montieren des Hammers auf geeigneten Stoßdämpfern erreicht werden können.

Der Fallhammer erschüttert aber nicht nur Fundament und Boden, sondern strahlt auch Energie in Form von Lärm ab. Läßt sich das vermeiden? Damit ist die Frage nach der Schallisolation gestellt, und zweifellos werden solche Probleme der angewandten Akustik in den kommenden Jahren noch mehr Bedeutung gewinnen.

Wie wir gesehen haben, bringt der Begriff der Welle auch neuartige Denkweisen mit sich: Wellen werden reflektiert, ein Effekt, der bei einfachen Schwingungen nicht vorkommt; manchmal ändert sich die Wellenform während des Durchlaufs durch einen Körper; dann wieder gibt es Wellen, die sich hauptsächlich längs der Oberfläche eines Körpers ausbreiten, anstatt durch ihn hindurch zu laufen. Wir können also hier nur feststellen, daß es sich bei der Ausbreitung von freien Wellen in festen Körpern oder Flüssigkeiten um ein umfangreiches Forschungsgebiet handelt.

Es soll noch darauf hingewiesen werden, daß der Ausdruck „freie Welle" manchmal in einem etwas anderen Sinne verwendet wird. Während wir von freien Wellen gesprochen haben, wenn die Erregung kurzzeitig wirkt, und die Bewegung in einem begrenzten Teil eines weit ausgedehnten Systems stattfindet, lassen Akustiker meist nur die zweitgenannte Einschränkung gelten. Sie sprechen von freien Wellen also auch dann, wenn etwa eine sinusförmige Dauererregung vorhanden ist.

5.4 Erzwungene Wellen

Wir haben gehört, daß freie Wellen besonders dann interessieren, wenn sie sich in einem hinreichend ausgedehnten Körper ausbreiten, also in einem Körper, der erheblich größer als der Störbereich ist. Insbesondere sollen die Körpergrenzen weit von der Störstelle entfernt liegen, und die im Körper vorhandene innere Reibung muß so groß sein, daß die Wellen praktisch getilgt sind, bevor sie an den Grenzen reflektiert werden können. Das Konzept der Wellenausbreitung interessiert aber auch noch für allgemeinere Fälle, wie wir jetzt sehen werden.

Wir wollen noch einmal zu der einseitig fest eingespannten Wäscheleine zurückkommen und uns vorstellen, daß das freie Ende ständig etwas auf und ab bewegt wird. Bei einer hinreichend langen Leine mit entsprechender innerer Reibung bewegt sich dann nur ein endliches Stück des Seils in der Nähe der Erregerstelle. Die Schwingungen laufen zwar als Welle vom bewegten Ende weg, aber sie gelangen nicht bis zum anderen Ende, weil sie durch Dämpfung vorher ausgelöscht werden. Genauso ist es mit Schallwellen, die sich in der freien Atmosphäre ausbreiten. Die Luft wird dabei an der Erregerstelle zum Schwingen gebracht und leitet diese Schwingungen als Welle weiter. Aber in größerer Entfernung von der Quelle ist der Schall nicht mehr zu hören, weil er sowohl wegen der Ausbreitung im dreidimensionalen Raum als auch durch Dämpfung stark abgeschwächt wird.

In den hier beschriebenen beiden Fällen haben wir „erzwungene Wellen" vor uns, weil die Erregung nicht nur kurzzeitig wirkt, sondern ständig vorhanden und periodisch ist. Abgesehen von der Schallfortpflanzung in Luft kommen erzwungene Wellen sehr häufig

5.4 Erzwungene Wellen 141

vor. So regt eine rüttelnde Maschine Schwingungen in dem Fundament an, auf dem sie steht. Meist handelt es sich hier um erzwungene Wellen, die von der Maschine in das Fundament laufen. Dabei kommt es oft auch zum Abstrahlen von Lärm. Will man solchen Lärm oder andere Störschwingungen verringern, dann kann man die Maschinen auf Schwingisolatoren montieren; Bild 77 zeigt eine so aufgestellte Werkzeugmaschine.

Bild 77 Eine schwere, auf Schwingisolatoren montierte Werkzeugmaschine. Durch solche Aufstellelemente kann das Weiterlaufen störender Wellen erheblich reduziert werden.
(Courtesy Cementation [Muffelite] Ltd.)

Wer jemals in einem See unter Wasser geschwommen ist, hat feststellen können, daß das Geräusch von Motorbooten auch in großer Entfernung noch deutlich zu hören ist. Deshalb können Unterseeboote durch Schallmessungen geortet werden. Bei einem U-Boot, das seine Anwesenheit nicht selbst durch Geräusche verraten soll, muß daher besonders darauf geachtet werden, daß kein Schall an das umgebende Wasser abgestrahlt wird. Das aber erfordert erhebliche Anstrengungen bei der Konstruktion des Bootes und seiner Ausrüstung.

5 Stoßerregung und Wellen

Schon früher hatten wir darauf hingewiesen, daß das Konzept der freien Wellen durchaus mit der Vorstellung von überlagerten freien Schwingungen in mehreren, meist hochgradigen Eigenformen verträglich ist. Ganz entsprechend hängen erzwungene Wellen mit erzwungenen Schwingungen zusammen. Allerdings handelt es sich dabei um erzwungene Schwingungen von besonderer Art: ihre Frequenz liegt im allgemeinen weit über der kleinsten Eigenfrequenz, die im System möglich ist; also liegt auch die Erregerfrequenz erheblich über den wesentlichen Eigenfrequenzen des Systems. Deshalb aber kann man kaum irgendeine der Eigenfrequenzen herausgreifen und allein zur Resonanz bringen; vielmehr wird fast immer ein ganzes Bündel von gleichzeitig in resonanznahen Zustand versetzten Eigenformen auftreten. Nur so nämlich läßt sich die Störung in der näheren Umgebung der Störquelle lokalisieren.

Es soll nochmals daran erinnert werden, daß wir unter erzwungenen Schwingungen solche Bewegungen verstehen, deren Erregerkräfte nicht von der Systembewegung abhängen. Die Störkräfte sind also auch dann vorhanden, wenn das System gar nicht schwingt. Außerdem muß die Erregerkraft nicht sinusförmig verlaufen, sie darf zum Beispiel auch Zufallscharakter haben. Das gilt auch für erzwungene Wellen. So kann starker Lärm innerhalb des Körpers als Wellen weit von der Stelle fortgeleitet werden, an der die Druckstöße des Lärms einfallen. So etwas ist bei dem in Bild 78 gezeigten Spant eines Flugzeugs geschehen: der Lärm eines Strahltriebwerkes hatte das hintere Leitwerk beaufschlagt und zu Schwingungen angeregt; die von den Zufallsschwingungen erzeugten Wellen liefen in der Leitwerkstruktur weiter und führten zur Zerstörung des abgebildeten Spants durch Ermüdungsbruch.

Bis jetzt befindet sich die Erforschung erzwungener Zufallsschwingungen noch im Anfangsstadium. Wenn infolge einer Störung – wie in dem durch Bild 78 dokumentieren Fall – erzwungene Wellen mit

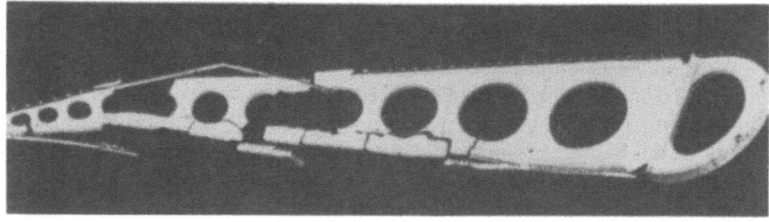

Bild 78 Bruchstücke eines Flugzeugspants. Der hier gezeigte Ermüdungsbruch wurde durch Spannungswellen in der Flügelstruktur verursacht.

Zufallscharakter in eine Flugzeugzelle eingestrahlt werden, dann laufen diese Wellen in der Zelle weiter. Zu Schäden kommt es dabei meist nur an Verbindungsstellen oder anderen Unstetigkeiten innerhalb der Konstruktion. Dadurch wird die Vermutung nahegelegt, daß die Schäden irgendwie mit Reflektionen der erzwungenen Wellen zusammenhängen. Deshalb interessiert jetzt die Frage, ob erzwungene Wellen denselben Gesetzmäßigkeiten unterliegen, die bei freien Wellen gelten.

Als Antwort auf diese Frage kann man feststellen, daß freie und erzwungene Wellen im allgemeinen denselben Gesetzen gehorchen. Aber einen wesentlichen Unterschied gibt es dennoch zwischen beiden Wellenarten. Wenn eine erzwungene Welle durch sinusförmige Erregung erzeugt wird, dann hat sie eine charakteristische, ihr durch die Erregung aufgeprägte Frequenz. Daraus folgt aber, daß erzwungene Wellen einige Besonderheiten zeigen, obwohl sie sonst genau wie freie Wellen reflektiert oder gebrochen werden können. Zu diesen Besonderheiten zählt der Doppler-Effekt; er tritt bei bewegten Erregerquellen auf und macht sich zum Beispiel bei Schall dadurch bemerkbar, daß die Tonhöhe verschieden ist, je nachdem, ob die Schallquelle zum Beobachter hin oder von ihm fort bewegt wird. Der Pfeifton eines Zuges verändert seine Höhe, wenn der Zug an dem Zuhörer vorbeibraust.

Im nächsten Abschnitt werden wir ein Beispiel kennenlernen, an dem sich zeigen läßt, daß die Frequenz von erzwungenen Wellen große Bedeutung hat: durch hochfrequente Wellen können nämlich – wie wir sehen werden – beträchtliche Energiemengen transportiert werden.

5.5 Ultraschall-Schwingungen und -Wellen

Wir haben gesehen, daß Kurzzeit-Erregungen zu freien Wellen führen; andererseits entstehen erzwungene Wellen, wenn eine Dauer-Erregung – etwa von Sinusform – auf Teile des Körpers einwirkt, in dem die Welle läuft. Jetzt wollen wir Anwendungen dieser erzwungenen Wellen in festen Körpern oder Flüssigkeiten näher untersuchen.

Erst seit kurzem arbeiten Ingenieure mit dem neuen Hilfsmittel „Ultraschall". Ultraschallwellen sind im Prinzip dasselbe wie akustische Schallwellen, nur haben sie höhere Frequenzen. Bei Schallwellen wird durch eine schwingende Fläche, etwa eine Membran, Energie auf die umgebende Luft übertragen und dann in der Luft als erzwungene Welle weitergeleitet. Unser Ohr nimmt diese Welle als Ton oder Geräusch wahr, vorausgesetzt, daß die Frequenz der Schwingungen zwischen 18 und 18 000 Hz liegt. Obwohl sich Wellen mit höheren Frequenzen im Prinzip nicht von den Schallwellen im Hörbereich unterscheiden, können wir sie doch nicht hören; deshalb sprechen wir von Ultraschall-Wellen. Derartige Wellen haben bemerkenswerte Eigenschaften, von denen eine darin besteht, daß durch Ultraschallwellen erheblich mehr Energie transportiert werden kann, als dies mit akustischen Wellen möglich ist.

Man hat festgestellt, daß Fledermäuse ihren Weg mit Hilfe von reflektierten Ultraschallwellen finden. Diese Tiere besitzen ein Organ, das mit Frequenzen bis zu 70 000 Hz schwingen kann, so daß es als Ultraschallsender wirkt. Die Fledermaus hört diese hohen Frequenzen und kann daher aus reflektierten Wellen auf Hindernisse auf ihrem Flugweg schließen. Auch Hunde können Ultraschall hören; so kann man mit einer Galton-Pfeife Frequenzen über 18 000 Hz erzeugen, die ein Hund noch in großen Entfernungen hört. Ein neben dem Pfeifenden stehender Mensch hört dagegen nur ein sanftes Blas-Geräusch.

Man kann Ultraschallwellen leichter bündeln als dies bei normalen Schallwellen der Fall ist, weil sich Ultraschall fast so strahlenförmig ausbreitet wie Licht. Je höher die Frequenz ist, um so besser läßt sich eine Welle als Strahl konzentrieren. Während ein Radio-Lautsprecher, der mit einigen hundert Hz schwingt, den Schall fast gleichmäßig nach allen Richtungen ausstrahlt, erzeugt ein schwingender Kristall Ultraschallwellen, die sich fast so gut wie Lichtstrahlen bündeln lassen; ihre Frequenz kann bis zu einigen Millionen Hz gehen. Wie ein Lichtstrahl läßt sich auch ein Ultraschallstrahl an einem ebenen Spiegel reflektieren oder durch einen konkaven Spiegel fokussieren, ohne daß dabei viel Energie verloren geht. Tatsächlich gelten alle bekannten Wellengesetze sowohl für Schall- als auch für Ultraschallwellen; wie bei Lichtwellen gibt es Reflexion, Brechung, Beugung, Interferenz und Zerstreuung. Man kann diese Eigenschaften aber mit Ultraschallwellen viel besser als mit normalem Schall demonstrieren oder verwerten, weil wegen der kleineren Wellenlänge handlichere Spiegel, Linsen oder Beugungsgitter verwendet werden können.

Wir werden sehen, daß Ultraschallwellen einige ebenso unerwartete wie nützliche Eigenschaften haben. Aber zunächst wollen wir uns mit der Erzeugung dieser Wellen beschäftigen. Wie wir bereits wissen, ist hierzu eine Fläche notwendig, die mit mindestens 18 000 Hz schwingt. So kann man Ultraschall auf rein mechanischem Wege, zum Beispiel mit Hilfe einer Galton-Pfeife erzeugen; auch Sirenen und Stimmgabeln sind verwendet worden. Heutzutage werden aber die rein mechanischen Generatoren mehr und mehr durch die bequemer zu handhabenden und zugleich wirksameren elektro-mechanischen Generatoren verdrängt.

Bei dem wohl gebräuchlichsten Generatortyp wird der Effekt der „Magneto-Striktion" ausgenutzt: manche Metalle ändern ihre Abmessungen, wenn man sie in ein Magnetfeld bringt. Bei dem einfachsten Typ eines solchen Ultraschallgenerators wird ein Nickelstab verwendet, der mit einer Spule umwickelt ist. Durch genau abgestimmten Wechselstrom in der Grundfrequenz der Längsschwingungen wird der Stab zur Resonanz gebracht. Er hat dann in der Mitte einen Schwingungsknoten, während die Ausschläge an beiden Enden maximal sind. Eines der Enden wird als Abstrahlfläche verwendet. Diese abstrahlende Fläche hat Amplituden von etwa 0,013 mm, die Frequenzen liegen bei magnetostriktiven Generatoren im Bereich zwischen 5000 und 50 000 Hz.

Sehr viel höhere Frequenzen lassen sich mit geeigneten Kristallen erzielen, bei denen der piëzo-elektrische Effekt ausgenutzt wird. Üblicherweise nimmt man hierzu kleine Quarzplättchen oder Scheiben aus Bariumtitanat. Der Kristall ändert seine Abmessungen, wenn elektrische Spannungen angelegt werden. Deshalb lassen sich die in geeigneter Weise gefaßten Kristalle durch Anlegen von Wechselspannungen an versilberte Oberflächen zu Resonanzschwingungen anregen. Im allgemeinen verwendet man eine Schwingungs-Eigenform, bei der sich die Dicke des Kristallplättchens periodisch ändert. Solche Kristall-Generatoren arbeiten mit Frequenzen zwischen 250 000 und 2 000 000 Hz.

Manchmal werden Kristallgeneratoren nicht in Resonanz, sondern mit stoßerregten Übergangsschwingungen betrieben. Hierzu werden periodisch wiederholte Hochspannungsstöße ausgeübt. Wie ein Klöppelschlag den Gong, so erregt jeder dieser Stöße den Kristall zu freien Eigenschwingungen mit sehr hoher Frequenz. Die Schwingungen klingen ab, weil einerseits Ultraschallwellen von der schwingenden Oberfläche ausgestrahlt werden und andererseits innere Reibung im Kristall vorhanden ist. Ist die Schwingung weitgehend abgeklungen, dann wird sie durch den nächsten Spannungsimpuls wieder in Schwung gebracht. Das geschieht ziemlich oft hintereinander, die übliche Impulsfolge liegt bei etwa 50 Hz.

In der hier beschriebenen Weise lassen sich also Ultraschallwellen entweder als erzwungene sinusförmige Dauerschwingungen oder als periodisch pulserregte freie Schwingungen erzeugen. Solche Ultraschallstrahlen lassen sich vielseitig nutzen. Eine der wichtigsten Anwendungen geschieht in der Navigation von Schiffen. Dabei werden durch schiffsfeste Sender Ultraschallwellen in das umgebende Wasser abgestrahlt; sie werden an Hindernissen, am Grund oder auch an anderen Schiffen reflektiert. Aus der Laufzeit der reflektierten Wellen kann man auf die durchlaufene Strecke und damit auf den Abstand des reflektierenden Objekts schließen. Hier werden also Ultraschallwellen in genau derselben Weise eingesetzt, wie es die Fledermaus tut. Man verwendet übrigens derartige „Echolote" auch zum Orten von Fischschwärmen.

Wir wollen noch einmal auf den Generator-Rotor von Bild 42 zurückkommen. Der aus einem einzigen großen Schmiedestahl-Stück hergestellte Rotor ist während des Betriebs so großen Beanspruchungen ausgesetzt, daß Risse oder andere Fehlstellen in seinem Innern eine große Gefahr bilden würden. Mit Hilfe von Ultraschall kann man nun die Homogenität des Schmiedestücks prüfen, bevor es abgenommen und weiter verarbeitet wird. An jedem Riß und an jeder Unregelmäßigkeit werden die Ultraschallwellen reflektiert und liefern so wichtige Informationen über die innere Beschaffenheit des Werkstoffes.

Die mit Hilfe einer Schallwelle durch eine bestimmte Fläche transportierte Energiemenge ist bei gegebener Amplitude proportional zum Quadrat der Frequenz. Deshalb kann man mit Ultraschallwellen weit mehr Energie je Fläche übertragen als dies mit Hörschall möglich ist. Es kommt noch hinzu, daß sich Ultraschall leichter bündeln und fokussieren läßt. Eine Konzentration kann zum Beispiel dadurch geschehen, daß man die Wellen in ein umgekehrtes Horn oder in ein zugespitztes Metallstück einleitet. Mit den auf diese Weise hergestellten, sehr energiereichen hochfrequenten Schwingungen kann man beispielsweise auch Ermüdungsversuche von vertretbarer Dauer durchführen.

Die Leistungsfähigkeit von Ultraschall ist beachtlich. So kann man zum Beispiel auch Bohrmaschinen herstellen, indem man einen Ultraschall-Leiter mit einem fokussierenden Kegelstück verbindet. Bringt man an der Spitze des Kegels ein entsprechend geformtes Metallstück an, dann wird es in Längsrichtung zu Schwingungen angeregt. Mit einer geeigneten Paste geschmiert, frißt sich das Kopfstück auch in sehr hartes Material herein – etwa in Glas oder Werkzeugstahl. Weil der Bohrkopf nicht dreht, kann man mit ihm ohne Schwierigkeiten auch nichtrunde, beispielsweise quadratische Löcher bohren.

Bei dem Versuch, Ultraschallwellen in Flüssigkeiten zu konzentrieren, stößt man auf Grenzen, weil die Dämpfung hochenergetischer Schallwellen durch den Effekt der „Kavitation" stark vergrößert wird. Jede Flüssigkeit enthält eine große Anzahl winziger Gasblasen, die unter dem Einfluß der bei Kavitation auftretenden Druckschwankun-

5.5 Ultraschall-Schwingungen und -Wellen

gen rasch größer werden und dann plötzlich wieder in sich zusammenstürzen. Der Mechanismus der Kavitation ist höchst kompliziert; im Ergebnis aber führen die Wasserstöße zu sehr starken, lokal konzentrierten Drücken in der Flüssigkeit. Kavitation ist allerdings auch ohne Ultraschall möglich und bringt Schwierigkeiten zum Beispiel bei hydraulischen Maschinen oder an der Oberfläche von Schiffsschrauben. Man kann Kavitation auffassen als das Bestreben einer Flüssigkeit, keine Zugspannungen im Innern aufkommen zu lassen. Lokal konzentrierte hohe Drücke können schädlich aber auch nützlich sein. Wenn sie an der Oberfläche von Metallen auftreten, dann wird die Oberfläche angefressen. So sind die Abstrahlflächen von Ultraschallgeneratoren, die in Flüssigkeiten arbeiten, oft völlig mit Narben bedeckt. Andererseits kann die pulsierend hämmernde Wirkung von Ultraschall in Flüssigkeiten auch zur Herstellung von Emulsionen solcher Flüssigkeiten verwendet werden, die sich normalerweise nicht mischen lassen – wie etwa Öl und Wasser. Ultraschall läßt sich auch zur Sterilisation verwenden, weil Bakterien durch Kavitation abgetötet werden können. Weiter kann man Lot auf Aluminium durch Ultraschall zum Fließen bringen, ein Effekt, der wegen der Oxidation normalerweise nicht möglich ist: ultraschallinduzierte Kavitation macht also das Löten von Aluminium möglich.

Einige der hier erwähnten Effekte lassen sich mit dem in Bild 79 gezeigten Versuch demonstrieren. Der unter Wasser befindliche magnetostriktive Generator A sendet einen Ultraschallstrahl aus, der durch eine ebene Fläche B, einen „Spiegel", reflektiert wird. Vom Spiegel läuft der Strahl zu der konkaven Fläche C, einem „Sammelspiegel", und wird von dort in einen dicht unter der Flüssigkeitsoberfläche liegenden Punkt fokussiert. Man kann übrigens die Bündelung des Strahls bei diesem Versuch leicht dadurch zeigen, daß man den Spiegel B etwas verdreht. Dann stellt man fest, daß der Sammelspiegel C nur bei einer ganz bestimmten Lage von B durch den Schallstrahl beaufschlagt wird. Das Fokussieren des Ultraschalls in einer Flüssigkeit erzeugt – wie wir besprochen hatten – Kavitation. So geschieht es auch bei diesem Versuch, und als Ergebnis entsteht eine kleine Wasserfontaine an der Oberfläche über dem Fokussierungspunkt.

Es gibt noch weitere, vielseitig verschiedene Anwendungen für Ultraschallwellen: so kann eine Ultraschalltherapie bei Rheumatismus helfen; Zahnbelag wird durch einen Ultraschallvibrator beseitigt; Metallteile lassen sehr wirkungsvoll reinigen, wenn sie in einem Lösungsmittel mit Ultraschall bestrahlt werden; man hat sogar schon den Reifungsprozeß von Weinen und anderen Spirituosen durch Ultraschall beschleunigt.

Bild 79 Durch Fokussieren von Ultraschall wird eine kleine Wasser-Fontaine erzeugt. Die von dem Sender A ausgesandte hochfrequente Ultraschallwelle wird an der ebenen Fläche B reflektiert und von der konkaven Fläche C fokussiert. (Courtesy Mullard Ltd.)

5.6 Erregungen von endlicher Dauer, die weder langsam noch plötzlich sind

Wir wollen das von Übergangsschwingungen Gesagte hier nochmals kurz zusammenfassen: im Falle von „langsamen" Erregungen reagiert ein System im wesentlichen statisch; anders bei „plötzlichen" Erregungen: hier ist es sinnvoll, das Konzept der freien Wellen einzuführen. Etwas vom eigentlichen Thema abschweifend, haben wir bei dieser Gelegenheit auch die erzwungenen Wellen besprochen; sie haben große technische Bedeutung. Jetzt aber soll der zwischen langsamer und plötzlicher Erregung liegende allgemeinere Fall von zeitveränderlichen Erregungen untersucht werden. Es zeigt sich, daß einige Probleme dieser Art außerordentlich wichtig sind.

5.6 Erregungen von endlicher Dauer 149

In seismologisch aktiven Ländern, wie etwa an den Rändern des pazifischen Ozeans, gewinnt die Erforschung der Erdbeben und ihrer Wirkung auf Gebäude zunehmend an Bedeutung. Besonders in Japan, diesem dicht besiedelten und hochindustrialisierten Land, das wegen seiner begrenzten natürlichen Energiereserven ein großangelegtes Programm zur Nutzung der Kernenergie gestartet hat, sind erdbebensichere Bauweisen entscheidend wichtig. Japan ist in hohem Maße durch Erdbeben bedroht. Bei Entwurf und Konstruktion nuklearer Kraftwerke muß ganz besondere Sorgfalt aufgewendet werden, damit im Ernstfall radioaktive Verseuchungen vermieden werden.

Auch Schiffe auf See werden durch zeitabhängige Störkräfte belastet. Einen Sonderfall dieser Art zeigt Bild 80: ein Minenräumboot in schwerer See. Bei hoher Geschwindigkeit ragt der Vordersteven klar aus dem Wasser. Jedesmal beim Wiedereintauchen schlagen große Teile der Unterseite des Schiffsrumpfes hart auf, eine Belastung, die auch noch während des weiteren Eintauchvorganges andauert. Es ist außerordentlich schwer, Stärke und Verteilung der Störkräfte abzuschätzen; ihre Dauer entspricht jedoch etwa der Schwingungsperiode

Bild 80 Dieses Küsten-Minenräumboot pflügt bei hoher Geschwindigkeit mit krachendem Stampfen durch die schwere See. Der Vordersteven steigt aus dem Wasser und schlägt beim Zurückkommen mit voller Wucht auf die Oberfläche, so daß der Schiffsrumpf über eine beträchtliche Zeit erzittert. (Courtesy Royal Navy)

5 Stoßerregung und Wellen

für die niedrigste symmetrische Eigenform des Rumpfes. Man hat Anstrengungen unternommen, die Auswirkungen derartiger Belastungen zu berechnen. Es hatte sich nämlich herausgestellt, daß die dabei induzierten Spannungen vier bis fünfmal größer sind, als es bei normalen Zufallsbeanspruchungen im Seegang mit nicht aufschlagendem Bug der Fall ist. Das vorliegende nichtkonservative System ist vorübergehenden Erregungen ausgesetzt, die weder als langsam noch als plötzlich in dem früher besprochenen Sinne angesehen werden können. Vereinfachende Betrachtungen von der zuvor besprochenen Art versprechen deshalb hier keinen Erfolg.

Wie kann man nun vorübergehende Erregungen, die weder langsam noch plötzlich sind, in den Griff bekommen? Natürlich hat es keinen Sinn, sinusförmige Normal-Erregungen zu untersuchen. Der allgemeine Fall, also der Übergang zu nicht-periodischen Erregungen von endlicher Dauer, bringt uns aber in offensichtliche Schwierigkeiten. Das vielleicht schwerwiegendste Problem liegt dabei in der Notwendigkeit, daß jetzt Ergebnisse von Versuchen berücksichtigt werden müssen, die sich möglicherweise gar nicht genau genug ausführen lassen. Anstatt diese etwas verschwommene Aussage genauer zu erklären, soll zunächst ein einfacher Versuch beschrieben werden.

Bei allen Übergangsschwingungen gibt es zunächst einen Zeitabschnitt, in dem die Erregung noch vorhanden ist; danach folgt dann ein zweiter, in dem das System frei ausschwingt. Der Einfachheit halber wollen wir hier zunächst nur Systeme betrachten, die wesentlich nur in einer einzigen Eigenform schwingen. Die freie Schwingung ist meist gedämpft und erfolgt etwa in einer der Eigenfrequenzen. Ohne in systematische Untersuchungen einzusteigen, wollen wir hier ganz allgemein überlegen, wie sich Veränderungen des Systems auf das Eigenschwingungsverhalten auswirken. Natürlich werden wir erwarten, daß die von den Eigenschwingungen bekannten Frequenzen, Dämpfungen und Eigenformen eines Systems auch das Verhalten bei Übergangsschwingungen allgemeinerer Art bestimmen. Auf jeden Fall gilt das für den zweiten der genannten Zeitabschnitte, aber sicher wird auch der erste, während dem die Erregung noch wirksam ist, davon beeinflußt.

Bild 81 zeigt ein Demonstrationsgerät: ein kleines Gebläse A trägt eine Düse, die durch den Verschluß einer Plattenkamera B verschlossen werden kann. Vor der Düsenmündung hängt ein Stabpendel mit einer Platte C am unteren Ende. Öffnet man den Verschluß, dann prallt ein Luftstoß auf die Platte und bringt das Pendel in Bewegung. Durch Anbringen einer Zusatzmasse am oberen Ende der Pendelstange kann man die Eigenfrequenz verkleinern, also das Pendel lang-

5.6 Erregungen von endlicher Dauer

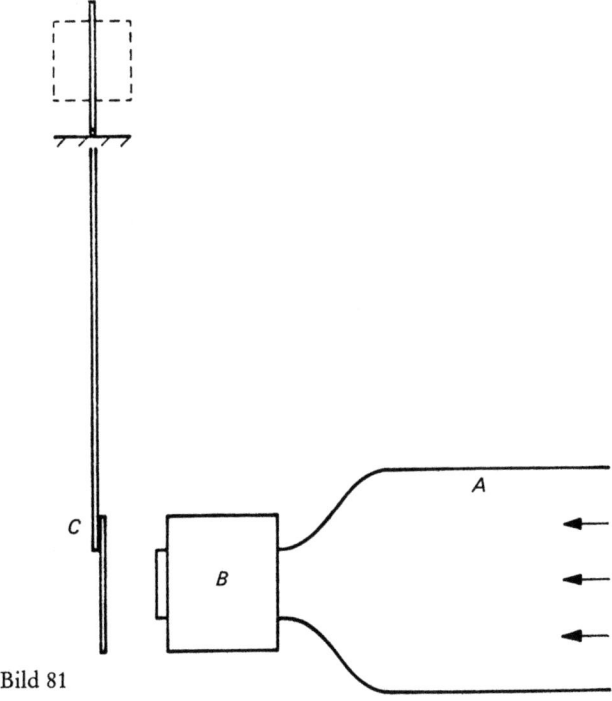

Bild 81

samer schwingen lassen. Wenn man nun den Versuch bei gleichen Werten für Blasgeschwindigkeit und Öffnungszeit des Verschlusses ohne und mit Zusatzmasse ausführt, dann stellt man fest, daß die Amplitude der Pendelschwingung stark davon abhängt, ob die Zusatzmasse am Kopf des Pendels angebracht wurde oder nicht.

Drei Dinge müssen bei diesem Versuch beachtet werden:
1) Die Masse des Pendels wird durch Anbringen der Zusatzmasse vergrößert;
2) man darf annehmen, daß die auf die Platte C ausgeübten aerodynamischen Kräfte unabhängig von der Zusatzmasse am oberen Ende des Pendels sind;
3) das Verhältnis der Dauer der aerodynamischen Erregung zur Schwingungszeit des Pendels wird durch Anbringen der Zusatzmasse verändert; die Schwingungszeit wird vergrößert, während die durch die Verschluß-Öffnungszeit gegebene Dauer der Erregung gleich bleibt.

152 5 Stoßerregung und Wellen

Ohne besondere Überraschung können wir also hier wiederum feststellen, daß die Reaktion eines Systems auf irgendwelche Erregungen entscheidend von dessen „dynamischer Persönlichkeit" abhängt. Durch diese Feststellung abgesichert, wollen wir nun einige Gedanken-Experimente anstellen, Experimente also, die sich vielleicht gar nicht wirklich ausführen lassen, deren Ergebnisse jedoch theoretisch berechenbar sind. Drei derartige Gedanken-Experimente wollen wir besprechen.

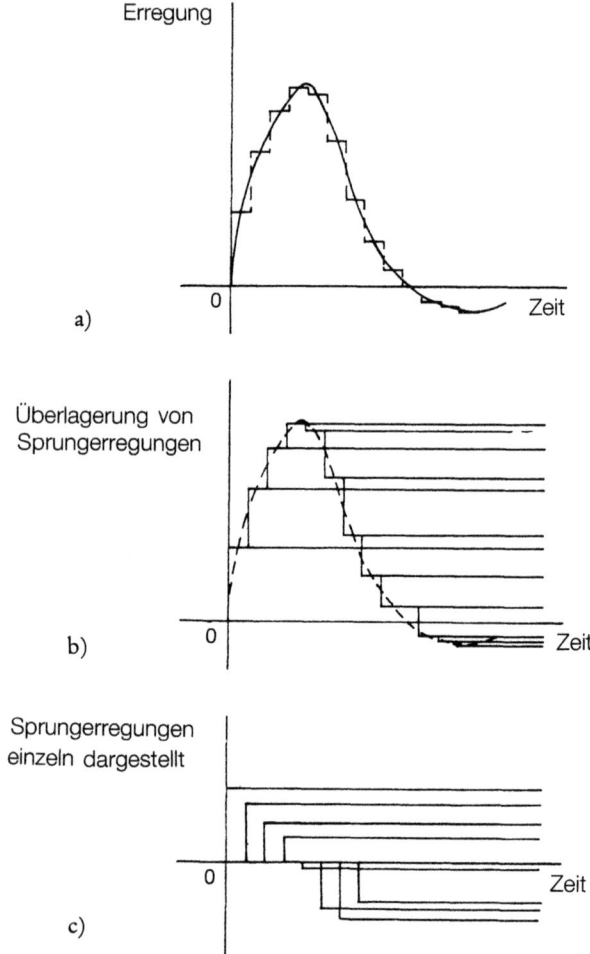

Bild 82

5.6 Erregungen von endlicher Dauer

In Bild 82a ist der Zeitverlauf für eine Erregung skizziert, wie sie etwa bei dem Apparat von Bild 81 durch Gebläse und Verschluß entsteht. Der stetige Kurvenzug wurde durch eine stufenweise an- und wieder absteigende, gestrichelt gezeichnete Treppenkurve angenähert. Wenn man die einzelnen Stufen hinreichend klein wählt, läßt sich die Annäherung beliebig genau machen. In Bild 82b ist dasselbe nochmals, aber in etwas anderer Form, dargestellt: jetzt ist die Originalkurve gestrichelt, dafür wurden die Stufen ausgezogen gezeichnet und durch horizontale Linien ergänzt. In Bild 82c sind die Stufen noch einmal einzeln, also jede für sich gesondert, aufgetragen. Falls wir die Reaktion des Systems auf eine dieser Stufen-Erregungen kennen, dann können wir die Reaktion auf die ursprünglich gegebene, allgemeinere Erregung durch Addition der von den einzelnen Stufen bewirkten Teilantworten des Systems gewinnen. Wenn es möglich wäre, durch das Gebläse eine stufenförmig verlaufende Kraft nach Bild 83a auszuüben, dann ließe sich aus einer Messung des zeitlichen Verlaufes des Pendelausschlags die Teil-Reaktion bestimmen; sie wird etwa wie die in Bild 83b gezeigte Kurve aussehen. Man erkennt nun leicht, daß die hier angestellten Überlegungen zwar theoretisch höchst interessant sind, daß aber experimentelle Bestätigungen dafür nicht zu erwarten sind.

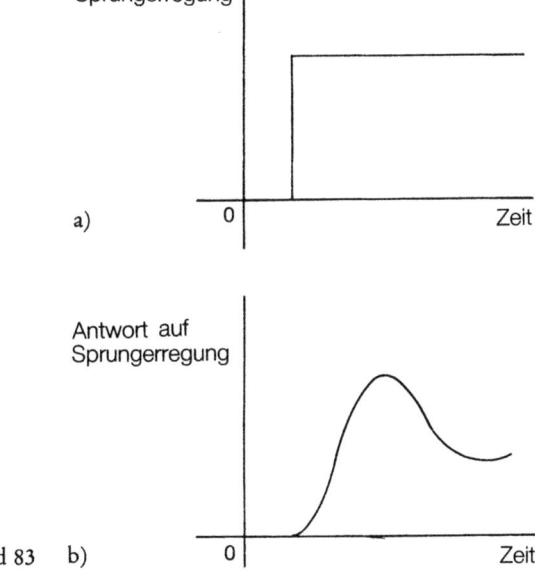

Bild 83

154 5 Stoßerregung und Wellen

Ähnlich liegen die Dinge auch bei einer zweiten Art von Näherung, die in Bild 84a dargestellt ist. Hier wurde die vorgegebene Kurzzeit-Erregerkurve durch Zerlegen in vertikale Streifen angenähert. Auch das kann mit jeder wünschenswerten Genauigkeit geschehen. Wir betrachten jetzt nur einen dieser Streifen und wollen annehmen, daß es uns möglich sei, genau eine solche impulsartige Erregung im Versuch zu verwirklichen, wie es in der Kurve von Bild 84b dargestellt ist. Die Reaktion des Systems darauf könnte etwa der Kurve 84b

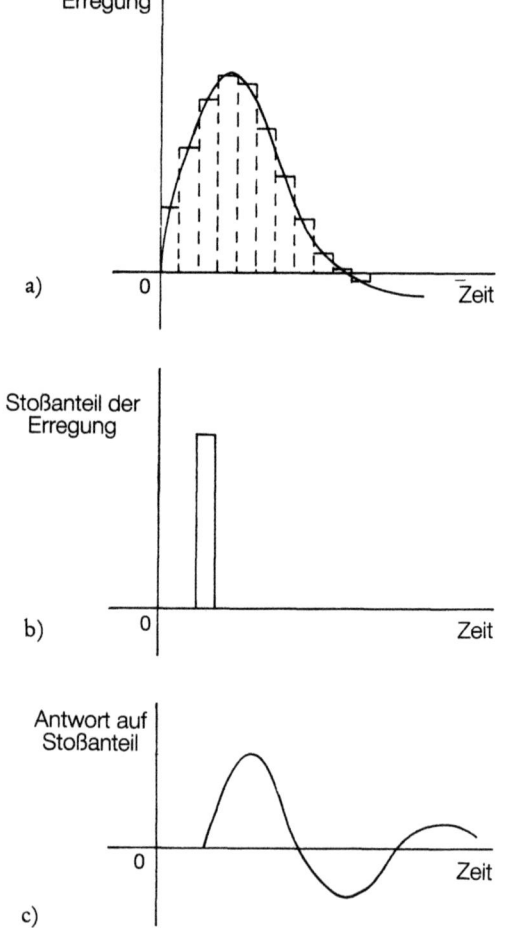

Bild 84

5.6 Erregungen von endlicher Dauer

entsprechen. Und wieder ließe sich jetzt die Gesamtreaktion des Systems durch Addition der einzelnen Impulsantworten gewinnen.

Das dritte Gedanken-Experiment bringt uns nun wieder zu schon bekannten Dingen zurück. Wir wollen noch einmal die in Bild 10 gezeigte Kurve einer Pulsschlagperiode betrachten. Wenn wir uns diese eine Periode zeitlich bis ins Unendliche gedehnt vorstellen, dann könnte man die Kurve als Übergangsschwingung auffassen. Auch jetzt würden zwar noch harmonische Komponenten – wie in Bild 10 oben skizziert – vorhanden sein, das wesentlich Neue ist jedoch, daß die Frequenzunterschiede zwischen zwei benachbarten Komponenten sehr klein werden. Man kann zeigen, daß eine derart gedehnte Pulsschlagkurve tatsächlich durch Komponenten dargestellt werden muß, bei denen *alle* Frequenzen vorkommen, nicht nur eine Folge von einzelnen Frequenzen. Auf das gebläse-erregte Pendel von Bild 81 angewendet, bedeutet diese Erkenntnis, daß wir die Antwort des Pendels auf eine Kurzzeit-Erregung bestimmen können, wenn die Teil-Reaktionen auf sinusförmige Erregungen bei allen Frequenzen zwischen Null und Unendlich bekannt sind. Wir müßten also die Erregung in ihre Sinusanteile zerlegen, die zugehörigen Teilantworten bestimmen und diese wieder überlagern. Auch diese Gedanken sind sehr nützlich für die Theorie; in der experimentellen Praxis kann man aber nichts damit anfangen.

Zusammenfassend können wir feststellen, daß es auch bei Übergangsschwingungen gewisse Standard-Erregungen (Sprung-Erregung, Impuls-Erregung, Sinus-Erregung) gibt. Wie man vermuten wird, hängen sie auch mathematisch untereinander zusammen. Bei Anwendungen sind dann jedesmal die Teilantworten sinngemäß zu addieren. Das kann mit Hilfe von Verfahren geschehen, die uns von der höheren Analysis bereitgestellt wurden. Aus dem Gesagten erkennt man jedoch, daß die Berechnung von Übergangsschwingungen erheblich schwieriger ist, als dies bei den durch periodische Erregungen erzeugten Schwingungen der Fall ist. Die wirkliche Ausführung derartiger Berechnungen ist sehr mühsam. Deshalb werden dafür häufig Näherungsmethoden eingesetzt, die man getrost als Holzhammer-Verfahren – roh, aber wirksam – bezeichnen könnte.

Viel Kummer hat den Ingenieuren früher der Transport empfindlicher Geräte bereitet. Wie soll man zum Beispiel eine große Thermoionen-Röhre per Bahn verschicken, ohne dem Beförderungsunternehmen die fast absurden Forderungen wegen des Abschirmens gegenüber Stößen oder Schwingungen aufzuzwingen? Eine Möglichkeit, dieses Problem zu lösen besteht darin, das zu schützende Gerät zunächst in einen Beutel aus starkem Segeltuch zu verpacken, und diesen Beutel selbst wieder mit weichen Federn im Innern einer Holzkiste aufzuhängen. Wenn die Kiste wirklich einmal hart aufstößt, dann kann sich der Beutel wegen der Federung ziemlich weit verschieben. Auf diese Weise wird der Stoß aufgefangen und damit das in der Kiste befindliche Gerät geschützt. Letztlich wendet der Ingenieur bei diesem Verfahren denselben Grundgedanken an, den wir im Zusammenhang mit dem Apparat von Bild 81 besprochen hatten: er ändert die Systemeigenschaften. Dabei kommt es besonders darauf an, daß niederfrequente Eigenschwingungen im System möglich werden. In unserem Fall verformen sich bei Störungen nur die Federn, während sonst keine nennenswerten Beanspruchungen durch Deformation auftreten.

Ein anderes, sehr gebräuchliches Verfahren für den Transport empfindlicher Geräte besteht darin, sie in leicht deformierbares Material, zum Beispiel in Schaumstoff zu verpacken. Man kann sehr einfach demonstrieren, wie wirksam dieses Verfahren ist: ein Ei oder eine elektrische Glühlampe können, in geeigneter Weise in aufgeschäumtem Kunststoff verpackt, gegen eine Wand geworfen werden, ohne zu zerbrechen. Noch eindrucksvoller kann man den Effekt mit einem fallenden Gewicht zeigen: wenn ein Metallstück von 2 kg Gewicht aus einer Höhe von 1,5 m herabfällt, dann wird es beim Auftreffen auf Holz eine schlimme Delle hinterlassen. Hätte jemand die Hand unter dem aufschlagenden Gewicht auf die Tischplatte gelegt, er würde sicher um Erste Hilfe bitten müssen. Dennoch kann das fallende Gewicht ohne Schwierigkeiten von der Hand aufgefangen werden, wenn man zuvor ein etwa 10 cm starkes Stück aus Schaumgummi zwischen Tisch und Hand gelegt hat. Bei diesem einfachen Versuch wird infolge der Zwischenschicht nicht nur die niedrigste Eigenfrequenz des beaufschlagten Systems und damit die Zeitdauer der stoßartigen Belastung, sondern ganz wesentlich auch die Dämpfung des Systems verändert. Das müßte bei einer genaueren Analyse des Vorganges natürlich berücksichtigt werden.

6 Spezielle Schwingungsprobleme

Oh Mond, du Himmelszier,
Ich bin so wißbegierig
Zu hören, warum denn hier
Alles so maßlos schwierig?

Fair moon, to thee I sing
Bright regent of the heavens
Say, why is everything
Either at sixes or at sevens?

Da die meisten Schwinger bestimmte kennzeichnende Eigenschaften haben, konnten wir sie zu Gruppen zusammenfassen: freie, erzwungene, selbsterregte usw. Schwingungen. Im Grunde haben wir diese Eigenschaften nur als Aufhänger für die weitere Diskussion verwendet. Nun gibt es aber auch Schwingungsformen, die sich nicht in diese so nützlichen Schubladen einordnen lassen, und wir müssen versuchen, auch damit fertig zu werden. Vereinfacht ausgedrückt handelt es sich dabei um Systeme, die sich während des Schwingungsvorgangs verändern, entweder in Abhängigkeit von der Zeit, oder aber bezüglich der geometrischen Gestalt. Wenn sich beispielsweise ein Kind auf der Schaukel zu großen Schwüngen heraufwuchtet, dann geschieht das durch systematisches und gezieltes Verändern der Massenverteilung: im Stehen werden die Beine periodisch gebeugt und wieder gestreckt, oder aber der Körper wird im Sitzen vor und zurück bewegt.

6.1 Konstante und veränderliche Kennwerte

Die Eigenfrequenz eines Schwerependels ist ziemlich unabhängig von der Größe seines Ausschlages, vorausgesetzt, daß diese Ausschläge nicht zu groß werden. Wenn etwa die Zeitdauer von 50 Schwingungen gestoppt und das Ergebnis durch 50 geteilt wird, dann erhält man die Schwingungszeit und damit auch die Frequenz mit sehr guter Genauigkeit. Für einen Versuch kann man das auf horizontaler Achse möglichst reibungsfrei gelagerte Rad eines Fahrrades verwenden, an dessen Felge ein Zusatzgewicht angebracht wurde. Führt man den Versuch mit verschieden großen Anfangsauslenkungen bis zu etwa

30° aus, dann findet man nur sehr geringe Unterschiede in den Schwingungszeiten. Aber bei Startwinkeln von 60° oder mehr erhält man deutlich größere Schwingungszeiten bzw. kleinere Frequenzen. Man kann das Ergebnis in einem einfachen Diagramm darstellen. Die Kurve A in Bild 85 gibt die Aussage theoretischer Überlegungen für einfache Fälle wieder: die Eigenfrequenz der freien Schwingungen ist hier unabhängig von der Amplitude. Genau das aber hatten wir bei unseren bisherigen Betrachtungen immer vorausgesetzt. Nun aber stellen wir bei dem simplen Schwerependel fest, daß die zugehörige Kurve im Diagramm etwa wie die Kurve B, also gekrümmt, angenommen werden muß.

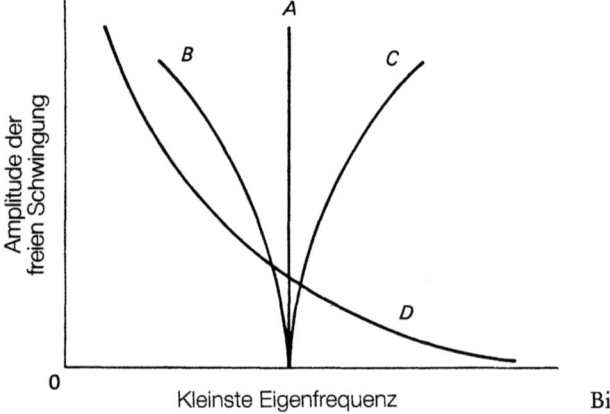

Bild 85

Die Kurve B ist nach links gebogen; man kann aber auch Schwinger finden, für die sich die entsprechende Kurve nach rechts neigt, wie etwa die Kurve C. Ein derartiges Verhalten gilt beispielsweise für die Biegeschwingungen der in Bild 86 skizzierten Blattfeder mit Endmasse. Bei der hier vorliegenden Art der Einspannung wird die wirksame Länge der Feder bei großen Ausschlägen durch Anlegen an die Wandung kleiner.

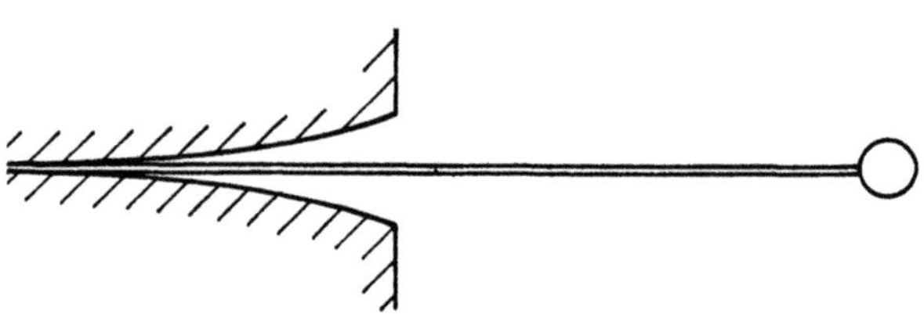

Bild 86

6.1 Konstante und veränderliche Kennwerte

Die hier erwähnten Schwinger können als Musterbeispiele angesehen werden, aus denen man erkennen kann, wie die theoretische Schwingungslehre üblicherweise von Ingenieuren gehandhabt wird. So verliert eine Theorie, die für einen Schwinger das der Kurve A entsprechende Verhalten voraussagt, an Genauigkeit, sofern man zu größeren Ausschlägen übergeht. Oft stört das einen Schwingungspraktiker nicht, weil Schwingungen, bei denen derartige Einflüsse wichtig sind, oft nicht interessieren. Also ist das mehr von akademischem Interesse. Ja, man kann fast behaupten, daß die durch die Kurven B und C gekennzeichneten Abweichungen gegenüber Kurve A für Maschinen- und Struktur-Ingenieure mehr Philosophie als Realität sind. Freilich ist das keineswegs immer so, und einige in der Natur vorkommende Schwinger haben durchaus veränderliche Kennwerte. So wird wohl kein Physiologe die Ansicht vertreten, daß das menschliche Herz ein Schwinger mit unveränderlichen Kennwerten sei.

Wir wollen noch ein anderes Beispiel betrachten, bei dem die Frequenzen auch für gar nicht einmal so große Amplituden deutlich verschieden von denen bei sehr kleinen Amplituden sind. Wir betrachten einen zylindrischen Körper aus Glas mit dem in Bild 87 gezeigten Querschnitt auf einer harten Unterlage. Stoßen wir diesen Körper so an, daß er abwechselnd auf einer der beiden scharfen Kanten stehend hin und her wackelt, dann stellt man fest, daß die Frequenz bei größeren Amplituden deutlich kleiner als bei ganz kleinen Schaukelbewegungen ist.

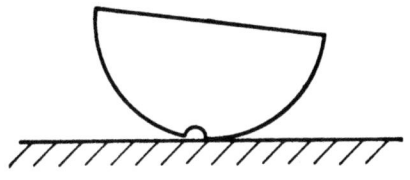

Bild 87

Drückt man den Körper auf einer Seite etwas herunter und läßt ihn dann frei schaukeln, dann kann man das allmähliche Ansteigen der Frequenz mit kleiner werdender Amplitude leicht beobachten. Ein solches Verhalten kann in Bild 85 etwa durch die Kurve D wiedergegeben werden.

Jetzt wollen wir überlegen, worin der Unterschied bei den Kurven A, B, C und D von Bild 85 besteht. Hängt man zum Beispiel ein Gewicht an eine dünne Schraubenfeder oder an ein Gummiband und läßt es vertikal auf und ab schwingen, dann findet man für die Frequenzabhängigkeit eine Kurve, die ziemlich genau der Kurve A unseres Diagramms entspricht. Gäbe es keine dämpfenden Einflüsse, dann wäre der Schwingungsverlauf fast genau sinusförmig. Ersetzt man die verwendete Schraubenfeder durch eine steifere, dann erhält man eine vertikale Kurve wie Kurve A, nur ist sie im Bild 85 etwas nach rechts versetzt. So also wirken sich verschiedene, aber während des Versuchs konstante Steifigkeiten aus.

Bei der Erklärung der anderen Kurven von Bild 85 wollen wir mit dem einfachsten Fall, der Kurve C, beginnen. Je größer die Auslenkung der Endmasse des Schwingers von Bild 86 aus ihrer Ruhelage ist, um so steifer ist die Feder, die die Masse wieder in die Normallage zurückzutreiben sucht. Man kann auch sagen, daß der Schwinger mit der Masse in der Mittellage verschieden von dem Schwinger ist, den wir bei ausgelenkter Masse vor uns haben. Die Steifigkeiten sind verschieden, und eben diese Steifigkeiten beeinflussen die Eigenfrequenz: je größer die Steifigkeit ist, um so höher ist auch die Frequenz. Würde man die Bewegung des Schwingers von Bild 86 genau untersuchen, dann könnte man feststellen, daß der Schwingungsverlauf auch ohne jede Dämpfung etwas von der Sinusform abweicht. Entsprechendes gilt sowohl für das Schwerependel als auch für die Wakkelschwingungen des Glaszylinders.

Wenn wir jetzt den Schwinger von Bild 87 genauer betrachten, dann können wir feststellen, daß hier nicht so sehr Änderungen der Steifigkeit, als vielmehr Veränderungen des schwingenden Systems selbst, wesentlich sind. Der Glaskörper stützt sich ja während der einen Halbschwingung auf die rechte, während der anderen Halbschwingung aber auf die linke Kante ab. Bei diesem Vorgang bleiben die Kennwerte des Systems ganz sicher nicht konstant.

Beim Schwerependel ist es etwas schwieriger, den durch das Überhängen der Kurve B in Bild 85 angedeuteten Effekt zu erklären. Man kann zunächst feststellen, daß die bei großen Amplituden vorkommenden Verschiebungen nicht mehr klein bleiben. Die Verschiebung der Zusatzmasse ist etwa von derselben Größenordnung wie die Abmessung des ganzen Systems. Das Schwingen des Schwerependels beschreiben wir durch die Änderungen des Winkels, den die Verbindungslinie vom Aufhängepunkt zur Zusatzmasse mit der Vertikalen bildet. Deshalb muß auch die „Steifigkeit" des Schwingers auf diesen Winkel bezogen werden. Hier nun kann man feststellen, daß die Kräfte, die das Pendel bei einer Auslenkung wieder in die Gleichgewichtslage zurückzuziehen suchen, nicht zum Pendelwinkel selbst, sondern zum Sinus dieses Winkels proportional sind. Da der Sinus bei kleinen Winkeln etwa dem Bogenmaß des Winkels gleich ist, so bleibt hier die Rückführkraft proportional zur Auslenkung. Da aber der Betrag der Sinusfunktion bei beliebig großem Winkel stets kleiner als das Bogenmaß bleibt, ist die Rückführkraft des Pendels bei größeren Auslenkungen merklich kleiner, als es bei Proportionalität zum Winkel der Fall sein würde. So haben wir also auch hier wieder einen Schwinger vor uns, dessen Steifigkeit nicht konstant, sondern vom Ausschlag abhängig ist.

Bei den bisher besprochenen Beispielen war jedesmal die Steifigkeit veränderlich. Und manchmal führt man die Federung absichtlich so aus, daß sich die Steifigkeit eines Schwingers mit der Auslenkung in gewünschter Weise verändert. Aber es gibt keinen Grund, warum nicht auch etwa die Masse anstelle der Steifigkeit variabel sein sollte. Dieser Fall hat allerdings in der Technik weniger Bedeutung. Weiter möge man bedenken, daß jeder reale Schwinger irgendwie gedämpft ist; auch die Dämpfung kann konstante oder veränderliche Kennwerte haben. Es sei nur an den schwingenden Balken von Bild 56 erinnert, bei dem wir die Schwingbewegung durch kleine ölgefüllte Töpfe am Fuß der unteren Federn gedämpft hatten. Der Dämpfungseinfluß wurde auf diese Weise für große Auslenkungen überproportional verstärkt. Man kann deshalb durchaus sagen, daß der Schwinger bei großen Amplituden verschieden von dem ist, den wir bei kleinen Amplituden vor uns haben.

6.2 Konstante Kennwerte

Bei Systemen mit konstanten Kennwerten sind Stärke und Verteilung von Steifigkeit, Dämpfung und Massen fest vorgegeben. Wir haben dann also auch keine Steifigkeiten, die von der Zeit oder vom Ausschlag abhängen. Das bedeutet, daß die rückführenden Kräfte zwischen zwei beliebigen Punkten eines Systems stets proportional zu der Verschiebung dieser beiden Punkte gegeneinander sind. Weiter lassen wir zur Dämpfung nur solche Dämpfungskräfte zu, wie sie etwa bei Bewegungen in einem Ölbad von konstanter Zähigkeit auftreten. Hier sind die dämpfenden Kräfte stets proportional zu der relativen Geschwindigkeit. Es werden also auch keine Widerstandskräfte zugelassen, die sich, wie etwa bei der trockenen Reibung, in unstetiger Weise bei einer Umkehr der Bewegungsrichtung ändern.

Wenn ein System konstante Kennwerte hat, dann besitzt es gewisse allgemeine Eigenschaften, die wir bisher einfach als gegeben betrachtet hatten. Damit meinen wir die Tatsache, daß es bei freien Schwingungen charakteristische, dem System zugeordnete Eigenfrequenzen und Eigenformen gibt. Wenn auf das System eine sinusförmige Zwangserregung wirkt, dann antwortet es mit einer ebenfalls sinusförmig verlaufenden Bewegung; diese hat dieselbe Frequenz wie die Erregung, ist ihr gegenüber aber meist phasenverschoben. Die Schwingungsform der erzwungenen Bewegung hängt nur von der Erregerfrequenz sowie von den Kennwerten des Systems ab. Die Stärke der Zwangsbewegung wird bei gegebener Erregerform durch die Stärke der Erregung bestimmt. Außerdem ist die Bewegung stets stabil. Wenn die einwirkende Erregung periodisch, aber nicht sinusförmig ist, dann kann sie immer in sinusförmige Komponenten zerlegt werden. Jede dieser Komponenten induziert eine entsprechende Systemantwort, und alle Teilantworten können überlagert werden, um die Gesamtantwort des zwangserregten Systems zu erhalten.

In nichtkonservativen Systemen werden die Zusammenhänge etwas komplizierter: so sind die Eigenformen undurchsichtiger, die Systemantworten sind im allgemeinen gegenüber den Erregungen phasenverschoben, und die freien Schwingungen können sowohl anwachsen als auch abklingen. Wenn aber eine freie Schwingung anwächst, dann wird sie theoretisch unbegrenzt weiter wachsen, da eine vereinfachende, linearisierte Theorie nichts über ein Begrenzen der Amplituden aussagen kann; davon ist bereits im Abschnitt 4.3 gesprochen worden. Dennoch darf man nicht sagen, daß etwa die bisher als richtig erkannten allgemeinen Verhaltensregeln für Schwinger völlig außer Kraft seien.

Stets sollten wir beim Studium mechanischer Schwinger auch Experimente zu Rate ziehen. Aber es gibt, wie wir bereits gesehen haben, sehr gefährliche Schwingungen, mit denen man nur schwer experimentieren kann. Dann muß man versuchen, ihr Auftreten durch theoretische Überlegungen vorherzusagen. Daraus erkennt man die Bedeutung der Theorie und versteht zugleich, weshalb die Methoden der Schwingungsanalyse von den Ingenieuren so sorgfältig entwickelt worden sind. In manchen Fällen muß man einfach die möglichen Eigenfrequenzen, Schwingungsformen, Systemantworten, kritischen Frequenzen und Instabilitätsbedingungen kennen. Umfassende Erkenntnisse hierzu können aber bei der Berechnung von Konstruktionen meist nur unter der Annahme konstanter Kennwerte des Systems gewonnen werden.

Trotz dieser vereinfachenden Annahme bleibt immer noch ein Nachteil der Schwingungsanalyse: man muß sich häufig mit ungewöhnlich vielen Zahlen plagen. Um beispielsweise die Bewegungen enes Flugzeugs einigermaßen zuverlässig beschreiben zu können, benötigt man etwa 50 Massen-, 50 Dämpfungs- und 50 Steifigkeits-Kennwerte, und das noch dazu für alle interessierenden Fluggeschwindigkeiten und Luftdichten. Bei der Bewältigung derartiger Datenmengen sowie für die dafür notwendigen Auswertungen muß man elektronische Rechenanlagen einsetzen. Mit Bleistift und Papier allein ist hier nichts mehr zu machen.

6.2 Konstante Kennwerte

Ein Teilgebiet der reinen Mathematik, die Matrizen-Algebra, eignet sich für die hier genannte Aufgabe besonders gut. Dies ist einer der Gründe, weshalb die Mathematik der Matrizen etwa seit dem Ende der 30er Jahre mit Nachdruck weiterentwickelt wurde. Eines der bekanntesten Standardwerke über Matrizentheorie wurde übrigens auf Anregung des Aerodynamischen Forschungsrates von drei Ingenieuren geschrieben, deren hauptsächliches Interessengebiet die Flattereigenschaften von Flugzeugen bilden*.

Theoretische Berechnungen sind äußerst wichtig, so daß sie durchaus zum täglichen Brot des Schwingungsingenieurs gehören. Und hier in der Praxis reicht die vereinfachende Annahme konstanter Kennwerte im allgemeinen aus. Es wäre ja töricht, wollte man die weit größeren, bei veränderlichen Kennwerten auftretenden mathematischen Schwierigkeiten in Kauf nehmen, ohne daß dafür eine zwingende Notwendigkeit besteht.

Das hier Gesagte gilt im Grunde für jede Theorie. Es ist auch nicht nur eine Frage der rechnerischen Genauigkeit, ob wir mit festen oder veränderlichen Kennwerten rechnen. Wir wollen nur sicher sein, daß nicht irgendeine für das Systemverhalten wichtige Eigenschaft übersehen wird. In Wirklichkeit gibt es ja kein System mit absolut konstanten Kennwerten, und vielfach sind die Kennwerte nicht einmal näherungsweise konstant. Deshalb ist die Frage berechtigt, ob wir nicht vielleicht wegen der Annahme konstanter Kennwerte entscheidend wichtige Effekte weg-approximieren. Um das möglichst zu vermeiden, wollen wir uns im folgenden auf die Verhaltensformen schwingender Systeme mit veränderlichen Kennwerten konzentrieren, auf Effekte also, die in der Theorie von Systemen mit konstanten Kennwerten nicht vorkommen und deshalb mit ihr auch nicht berechnet werden können.

Unsere Überlegungen werden ganz erheblich schwieriger, wenn wir nicht mehr, wie bisher stets, vereinfachen dürfen. Dann nämlich lassen sich die Probleme leider nicht in ihrer vollen Allgemeinheit behandeln, vielmehr werden wir uns auf die Untersuchung einfacher Beispiele beschränken müssen. Wir kommen zum Beispiel schon ins Schleudern, wenn etwa die Frage nach der Schwingungsform beantwortet werden soll. Deshalb wollen wir im folgenden einfache Beispiele der technischen Praxis herausgreifen, bei denen neuartige und unerwartete Erscheinungen beobachtet werden können. Bei dem heu-

---

* Bishop-Gladwell-Michaelson: The matrix analysis of vibration, Cambridge 1965. (Anm. d. Übersetzers)

164 6 Spezielle Schwingungsprobleme

tigen Stand unserer Kenntnisse ist es jedenfalls noch nicht möglich, eine systematische und umfassende Darstellung von Schwingungen in Systemen mit veränderlichen Kennwerten zu geben.

6.3 Festreibung

Schon einige Male hatten wir auf Effekte hingewiesen, die durch Festreibung oder trockene Reibung verursacht werden. Es wurde auch schon gesagt, daß man die Auswirkungen dieser speziellen Form von Dämpfung durch Einführen veränderlicher Kennwerte im System berechnen kann. Der Grund hierfür ist die Tatsache, daß die Richtung der Reibungskraft sprunghaft umkehrt, wenn die Bewegungsrichtung wechselt; wir hatten das bereits mit Bild 63 erklärt. Bei diesem speziellen Verlauf der Reibungskurve tritt häufig Selbsterregung auf. Während viskose Dämpfung die Tendenz zur Selbsterregung fast immer verringert, kann Festreibung oft zu selbsterregten Schwingungen führen: die quietschende Tür und die selbsterregt schwingende Geigensaite hatten wir als Beispiele schon erwähnt.

Manchmal fängt ein Fahrrad beim Betätigen der Vorderradbremse an zu rütteln. Die notwendige Energie für diese selbsterregte Schwingung wird der Bewegungsenergie des Fahrrades entnommen. Aber der Übertragungsmechanismus von Bewegungsenergie in Rüttelenergie kann nur erklärt werden, wenn die Physik der Kraftübertragung zwischen Bremsblock und Felge genau bekannt ist. Man kann übrigens das Rütteln weitgehend vermeiden, wenn man die Angriffsstelle der Bremsklötze geeignet wählt. Eine einfache und zugleich genaue Erklärung kann bisher weder für das Fahrrad-Rütteln noch für das Schwingen der Geigensaite gegeben werden.

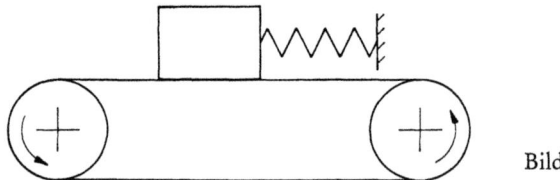

Bild 88

Wir können einer Erklärung des Rütteleffektes näher kommen, wenn wir den in Bild 88 skizzierten Apparat zu Hilfe nehmen: ein Holzblock ist durch eine Schraubenfeder elastisch gefesselt und ruht auf einem endlosen Band mit rauher Oberfläche. Setzt man das Band in Bewegung, dann beginnt der Block zu schwingen. Dieses Schwingen kann durch die Tatsache erklärt werden, daß die Reibungskräfte

6.3 Festreibung

zwischen Klotz und Band bei kleinen Gleitgeschwindigkeiten größer als bei großen sind. In Bild 63 erkennt man das an den Teilen der Kurve C, die dicht an der vertikalen Achse liegen. Bei der beobachteten Bewegung ist die Bandgeschwindigkeit fast immer größer als die Bewegungsgeschwindigkeit des Blockes; folglich hat die Relativgeschwindigkeit zwischen Band und Block stets dieselbe Richtung. Wenn sich nun der Block in der Bewegungsrichtung des Bandes bewegt, dann ist die Gleitgeschwindigkeit kleiner als bei der umgekehrten Bewegung. Demnach hat die Reibungskraft zwar stets dieselbe Richtung, aber eine wechselnde Größe. Also wird die Klotzbewegung in der Bewegungsrichtung des Bandes stärker durch die Reibungskraft unterstützt, als sie bei der Rückwärtsbewegung gebremst wird. Das aber führt zum Aufschaukeln der Schwingung.

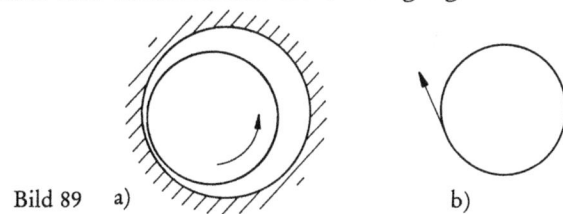

Bild 89 a) b)

Bild 89a zeigt den Querschnitt einer Welle, die mit Spiel in einem Gleitlager liegt und sich in der eingezeichneten Richtung dreht. Wenn sich die Welle während der Drehung etwas exzentrisch verschiebt und dabei die Lagerschale an einer Stelle berührt, dann wird dort die in Bild 89b skizzierte Reibungskraft P auf die Welle ausgeübt. Da P in Richtung der Tangente am Berührungspunkt wirkt, läuft die Welle in der Lagerschale in einem dem Drehsinn entgegengesetzten Sinne um. So können bei hohen Drehzahlen heftige Schwingungen angeregt werden; sie verschwinden aber sofort wieder, wenn das Lager in geeigneter Weise geschmiert wird.

Es gibt viele Beispiele von Selbsterregungen durch Reibung. In Bild 90 ist ein zylindrischer Rollkörper mit konischen Enden skizziert, wie er ähnlich auch bei den Radsätzen von Eisenbahnwagen vorliegt, um sie im Lauf zu zentrieren. Wenn der Rollkörper langsam auf leicht geneigten Schienen abwärts rollt, dann benimmt er sich so wie man es von ihm erwartet: bei geradem und mittigem Aufsetzen rollt

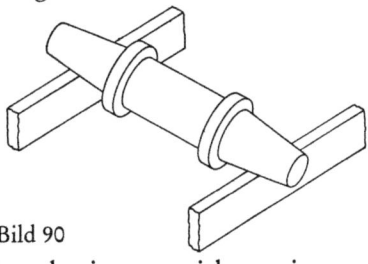

Bild 90

er auch auf gerader Bahn; bei schrägem oder exzentrischem Aufsetzen dagegen läuft er in einer Zick-zack-Bahn langsam die Schienen herunter. Wenn man nun die Neigung der Schienen erhöht, dann wird die Zick-zack-Bewegung stärker, und der Körper gerät dabei in heftige Schwingungen. Das läßt sich durch die Kontaktkräfte zwischen Rollkörper und Schiene erklären, für die wieder die Gesetzmäßigkeiten der Festreibung gelten.

6.4 Das Eingrenzen von selbsterregten Schwingungen

Die am Anfang dieses Kapitels erwähnten Veränderungen der Eigenfrequenzen bei wechselnden Amplituden bilden ein durchsichtiges Beispiel für den Einfluß von variablen Kennwerten. Um die Diskussion noch etwas zu vertiefen, wollen wir nun auf einen schon im Abschnitt 4.3 besprochenen Fall zurückkommen. Wir hatten damals festgestellt, daß sich die strömungserregten Schwingungen des Stabes von Bild 56 dadurch begrenzen lassen, daß die unteren Federn in ölgefüllte Töpfe gestellt werden. Bei großen Amplituden tauchen dann mehr Windungen der Federn in das Öl ein, so daß eine Dämpfungswirkung erreicht wird, die überproportional zur Amplitude anwächst. Die selbsterregten Schwingungen verlaufen dann etwa so, wie es der Kurvenzug von Bild 62 zeigt. Die Bewegung beginnt praktisch aus der Ruhelage heraus und nähert sich dann einer Schwingung mit konstanter Amplitude. Die Kurvenform ist fast sinusförmig.

Wenn man den Versuch mit einer extrem großen Anfangsauslenkung des Stabes beginnt, dann wächst die Bewegung auch bei laufendem Ventilator nicht weiter an; sie geht vielmehr gerade bis zu der Amplitude zurück, die auch beim Aufschaukeln aus der Ruhelage heraus erreicht wurde. Man sagt, daß die Schwingung einen „Grenzzyklus" erreicht. Bei genaueren Untersuchungen stellt man fest, daß die Frequenz etwa der Eigenfrequenz der freien Stabbewegung entspricht, und daß der Schwingungsverlauf fast, wenn auch nicht genau, sinusförmig ist.

Wenn die Dämpfungstöpfe des Systems von Bild 56 mit Öl gefüllt sind, dann ändert sich die Dämpfungswirkung mit der Bewegungsgeschwindigkeit, also auch mit der Amplitude nicht etwa sprunghaft wie bei Vorhandensein von Festreibung, sondern stetig. Allerdings wirkt bis zu einer gewissen Größe der Amplitude auch eine negative Dämpfung, also eine Anfachung, die infolge der früher besprochenen Besonderheiten der Umströmung des Stabes zustande kommt. Auf jeden Fall aber wird die Gesamtdämpfung bei großen Amplituden wieder positiv, weil dann die Öldämpfung stärker ist, als die an-

6.4 Das Eingrenzen von selbsterregten Schwingungen

fachende Wirkung, also die negative Dämpfung, infolge der Strömung.

Bei Grenzzyklus-Schwingungen hat der schwingende Stab einen ganz bestimmten Energieinhalt. Da die Amplitude konstant ist, bleibt auch diese Energie im Mittel konstant; dennoch aber fließt ständig Energie durch den Schwinger, da stets etwas von der Energie des Luftstroms in die ölgefüllten Dämpfungstöpfe weitergeleitet wird. Weil im vorliegenden Fall der bei einer Vollschwingung übertragene Energiebetrag klein gegenüber dem gesamten Energieinhalt des schwingenden Stabes ist, hat die Bewegung etwa den Charakter einer freien Schwingung. Das muß aber nicht immer so sein, und es gibt eine wichtige Klasse von Schwingungen, bei denen die je Vollschwingung übertragene Energie erheblich größer als die im Schwinger gespeicherte Energie ist. Man kann eine solche Schwingung zum Beispiel hören, wenn man mit dem Finger über die Oberfläche eines aufgeblasenen Luftballons fährt. Die Grenzzyklus-Bewegung verläuft in diesem Fall ruckartig, und die Frequenz wird nicht so sehr durch die Schwingungseigenschaften des Systems, als vielmehr durch den physikalischen Prozeß des Energieaustauschs bestimmt. Für derartige Schwingungen hat sich die Bezeichnung „Kippschwingungen" oder auch „Relaxations-Schwingungen" eingebürgert; man erkennt sie übrigens an dem charakteristischen, meist dreieckförmigen Schwingungsverlauf. Allerdings darf nicht verschwiegen werden, daß der Begriff Relaxationsschwingung häufig auch im allgemeineren Sinne verwendet wird; er wird manchmal auf alle Schwingungen mit dreieck- oder sägezahnförmigem Verlauf bezogen, etwa auch auf den fast sägezahnförmigen Verlauf der Bewegung eines Jo-Jo. Gelegentlich wird auch die Bewegung einer Uhrenhemmung als Relaxationsschwingung bezeichnet, und manche Arten von Ratterschwingungen bei Werkzeugmaschinen lassen sich als Relaxationsschwingen erklären.

Grenzzyklus-Schwingungen kommen oft vor. Beispiele sind das Quietschen einer Türangel oder das Taumeln von Eisenbahnwagen zwischen den Schienen; in beiden Fällen wachsen die selbsterregten Schwingungen solange an, bis dieses Anwachsen durch irgendeinen physikalischen Prozeß gestoppt wird. Wichtig sind die Grenzzyklus-Bewegungen vor allem deshalb, weil oft nur sie allein beobachtet werden können. Der Aufschaukelungsvorgang dauert nämlich meist nur kurze Zeit und wird rasch durch den Abfangmechanismus beendet. Man kann das leicht bei den Taumelbewegungen von Eisenbahnwagen feststellen. Leider aber ist die Mechanik der Grenzzyklen recht kompliziert, so daß wir im Rahmen dieser einführenden Betrachtungen nicht weiter auf die besonderen Eigenschaften dieses Schwin-

168   6 Spezielle Schwingungsprobleme

gungstyps eingehen können. Deshalb wollen wir das Thema jetzt verlassen und nur noch feststellen, daß es ein wichtiges Forschungsgebiet für Schwingungsfachleute bildet.

6.5 Zeitveränderliche Steifigkeit

Wir haben gesehen, daß bei veränderlichen Dämpfungskennwerten merkwürdige Effekte auftreten können. Bei dem im vorhergehenden Abschnitt behandelten Beispiel veränderten sich die Dämpfungskennwerte mit den Auslenkungen des Systems; oft aber kommt es auch vor, daß sich die Steifigkeiten während der Bewegung merklich verändern. Beispiele dafür wurden im einleitenden Abschnitt dieses Kapitels bereits genannt. Jetzt aber wollen wir Steifigkeiten untersuchen, die sich nicht so sehr mit der Größe der Auslenkungen, sondern als Funktion der Zeit verändern. Dabei kann der spezielle, jetzt zu besprechende Schwinger je nach der Art der Betrachtung als System mit konstanter oder auch als Schwinger mit zeitveränderlicher Steifigkeit angesehen werden.

Der bereits in Bild 41a gezeigte Rotor eines Wechselstromgenerators ist im wesentlichen ein rotierender Magnet mit Nord- und Süd-Pol. Die Pole liegen im Querschnitt um 180° versetzt und werden durch Schlitze voneinander getrennt, die in den Metallkörper des Rotors in Längsrichtung eingefräst wurden. Die Schlitze tragen Leiterwicklungen, deren elektrische Ströme das notwendige Magnetfeld erzeugen; mit Permanentmagneten läßt sich leider kein ausreichend starkes Magnetfeld herstellen.

In Bild 91a ist der Querschnitt des Rotors von einem 120 MW-Generator ohne Wicklungen dargestellt. Die einzelnen Windungen der Wicklung werden sorgfältig isoliert in die Schlitze gepackt und durch Abschluß-Deckstreifen an den Schlitzöffnungen daran gehindert, bei schnell-laufendem Rotor nach außen zu fliegen. Die Leitungs-„Drähte" der Wicklungen sind ziemlich dick, weil sie von starken Strömen durchflossen werden. Bei dem in Bild 41 gezeigten Rotor fließen beispielsweise 29 000 A durch die Leitungen eines einzigen Schlitzes. An den Enden des Wicklungskörpers werden die Leitungsdrähte umgebogen und in einem anderen Schlitz wieder zurückgeführt; dabei ist sorgfältig darauf zu achten, daß die freien Teile der Leiter durch speziell konstruierte Endglocken zusammengehalten und dadurch im Betrieb am Ausbiegen gehindert werden.

Eine durch Rotorachse und Pole gelegte Mittelebene ist für den Rotor die Ebene mit der größten Biegesteifigkeit. Für die senkrecht dazu stehende Ebene durch die Achse hat der Rotor dagegen eine

6.5 Zeitveränderliche Steifigkeit 169

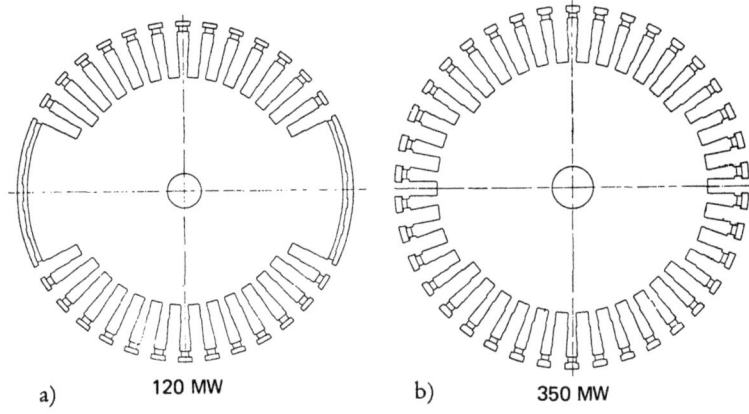

a) 120 MW   b) 350 MW

Bild 91

kleinere Biegesteifigkeit, weil die Schlitze den Rotor weicher machen. Die Erfahrung zeigt nun, daß es schwierig und sogar gefährlich ist, eine derartige Welle schnell drehen zu lassen. Diese Schwierigkeiten werden durch den Unterschied der Biegesteifigkeiten verursacht. In Wirklichkeit ist der in Bild 41 gezeigte 350 MW-Rotor freilich nicht so gebaut, wie es beschrieben wurde; sein Querschnitt sieht tatsächlich so aus, wie es Bild 91b zeigt: die Schlitze wurden rund um den Rotorkörper gleichmäßig eingefräst, also nicht nur an den für die Leiter-Wicklungen vorgesehenen Stellen, sondern auch an den Polköpfen. Damit nun aber das Ausfräsen der Polköpfe nicht zu einer Schwächung des Magnetfeldes führt, werden die Schlitze wieder mit Stahlstäben aufgefüllt. Und nun wollen wir herauszufinden versuchen, warum man die Polköpfe erst ausfräst und die entstandenen Schlitze danach wieder mit Stahlstäben füllt.

Zunächst stellen wir fest, daß moderne Generatoren mit hoher Leistung im allgemeinen längere Rotoren haben. Sie werden gestreckter ausgeführt, weil man sie wegen der im Betrieb auftretenden hohen Zentrifugalkräfte nicht dicker bauen will. In Bild 92 sind die relativen Abmessungen von Rotoren aufgezeichnet, die seit 1945 in Betrieb genommen wurden. Man erkennt, daß die Rotoren mit steigender Leistung merklich schlanker werden. Das aber bedeutet, daß die kritischen Drehzahlen niedriger liegen. Die Rotoren werden damit dynamisch empfindlicher, als dies bei früheren Konstruktionen der Fall gewesen ist. Deshalb aber müssen die Rotor-Ingenieure nun auch die

6 Spezielle Schwingungsprobleme

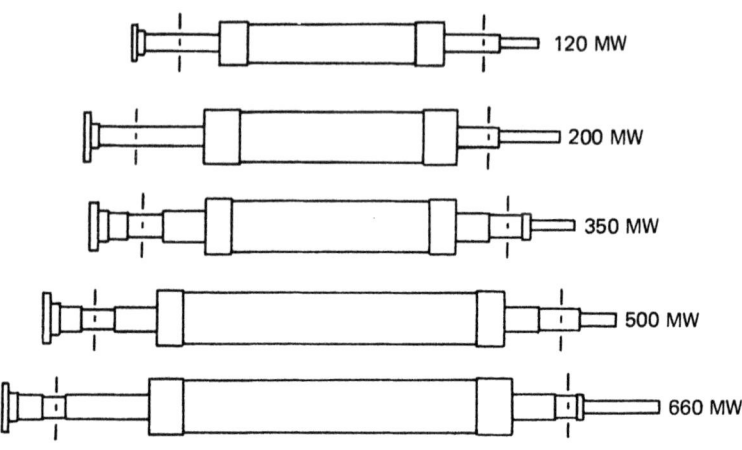

Bild 92

bisher nicht so beachteten und daher weniger vertrauten dynamischen Eigenschaften von Rotoren berücksichtigen.

Wir wollen jetzt eine Welle betrachten, die nicht rund, sondern an den Seiten abgeflacht ist: ihr Querschnitt möge dem in Bild 93 skizzierten entsprechen. Die Welle sei etwa so, wie es Bild 40 zeigt, gelagert; Lagerung und Antrieb sollen aber derart in einem Rahmen montiert sein, daß die Welle sowohl horizontal als auch vertikal betrieben werden kann. Bei geeigneter Lagerung hat die nichtrotierende Welle zwei verschiedene Eigenfrequenzen für die Grundform der Biegeschwingungen in den Ebenen der größten bzw. kleinsten Biegesteifigkeit. Wenn die betrachtete Welle vertikal gestellt rotiert, dann verhält sie sich anders als eine Welle mit kreisrundem Querschnitt. Bis zur kleineren der beiden Grundeigenfrequenzen läuft die Welle ruhig. Bei Erreichen dieser Frequenz gibt es erwartungsgemäß Resonanzschwingungen, verursacht durch Restunwuchten oder auch durch geringe Verbiegungen der Welle. Die Welle schlägt dabei ratternd gegen die sicherheitshalber angebrachten Begrenzungsringe. Bei weiterem Steigern der Drehzahl hört das Rattern solange nicht auf, bis die Eigenfrequenz der der größeren Biegesteifigkeit entsprechenden Grundschwingung überschritten wird. Zwischen den beiden

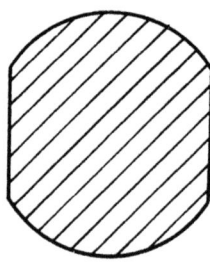

Bild 93

6.5 Zeitveränderliche Steifigkeit

Grund-Eigenfrequenzen läuft die Welle also instabil, außerhalb dieses Bereiches bleibt sie ruhig. Dieses Verhalten ist in Bild 94 dargestellt. Schon an dieser Stelle wollen wir darauf hinweisen, daß das Einfräsen der Polköpfe bei großen Turbogeneratoren nicht allein deshalb praktiziert wird, um die Instabilitäten zwischen zugeordneten Eigenfrequenzen zu vermeiden; tatsächlich kann man mit dieser Maßnahme auch noch andere, durch die unterschiedlichen Biegesteifigkeiten verursachte Schwingungen unterdrücken.

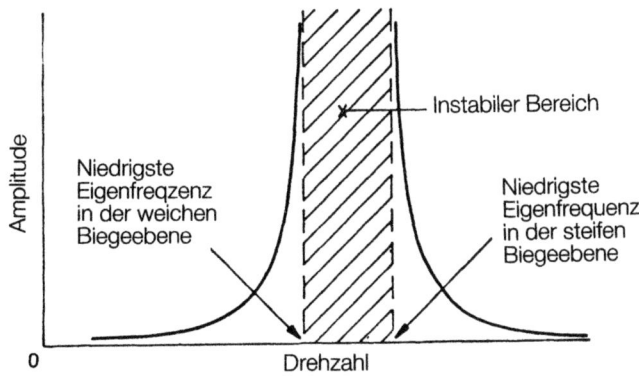

Bild 94

Bevor wird jedoch auf diese Dinge näher eingehen, wollen wir noch das im Bild 94 dokumentierte Verhalten der vertikal drehenden Welle zu erklären versuchen. Das Ergebnis ist eigentlich gar nicht so überraschend – und man sollte sich im Grunde nicht so sehr darüber wundern. Ein im Labor befindlicher, also raumfester Beobachter des Versuchs wird feststellen, daß sich die Biegesteifigkeit der drehenden Welle periodisch so verändert, daß bei jeder Umdrehung zwei volle Perioden durchlaufen werden. Für einen gedachten, auf der Welle sitzenden und mit ihr umlaufenden Beobachter besitzt die Welle aber konstante, wenn auch in verschiedenen Ebenen verschiedene Steifigkeitskennwerte. Der Versuch zeigt nun, daß die drehende Welle sowohl erzwungene Schwingungen wegen kleiner Fertigungsfehler, als auch freie, in einem gewissen Bereich anwachsende, also instabile Schwingungen ausführt. Die erzwungenen Schwingungen sind in bemerkenswert empfindlicher Weise davon abhängig, welche Lage die Unwuchten oder Verbiegungen der Welle relativ zu den Hauptachsen der Steifigkeit haben.

Die Versuchswelle mit dem Querschnitt nach Bild 93 zeigt ein anderes Schwingungsverhalten, wenn sie in horizontaler Lage betrieben

6 Spezielle Schwingungsprobleme

wird. Hier tritt eine zusätzliche Resonanzstelle bei der Hälfte des Mittels der beiden zuvor beobachteten Resonanzfrequenzen auf. Das kommt von der Gewichtskraft, die bei vertikaler Lagerung in Längsrichtung, bei horizontal liegender Welle dagegen quer dazu wirkt. Bei horizontaler Welle stellt ein raumfester Beobachter – wie zuvor schon gesagt – periodische Veränderungen der Biegesteifigkeit fest; die Gewichtskraft wirkt stets nur in der vertikalen Ebene. Umgekehrt würde ein mit der Welle drehender Beobachter feststellen, daß die Wirkungsrichtung der Gewichtskraft relativ zur Welle mit der Drehgeschwindigkeit der Welle, aber im umgekehrten Sinne rotiert, während die Wellensteifigkeiten konstant bleiben. Zweimal während einer Drehung fällt die Richtung der rotierenden Gewichtskraft in die Ebene der größten Biegesteifigkeit der Welle. Das ist der Grund für die Resonanzspitze bei der halben Frequenz des kritischen Bereichs in Bild 95.

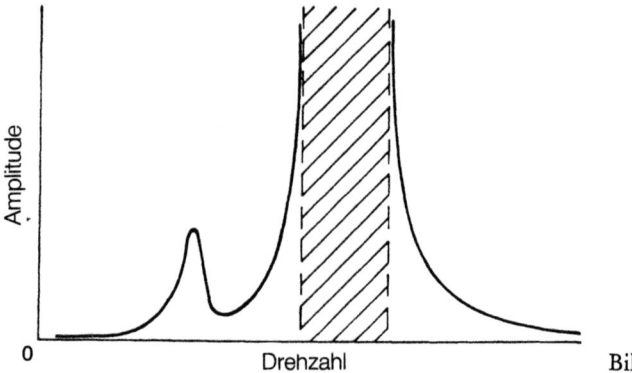

Bild 95

Wir können die Versuchsapparatur in einfacher Weise so verändern, daß selbst unser scharfsinniger, mit der Welle rotierender Beobachter zugeben muß, daß das System veränderliche Steifigkeiten besitzt. Dazu brauchen wir nur Gleitschlitze so anzubringen, daß sich die Welle ausschließlich in der durch die Schlitze vorgegebenen raumfesten Ebene bewegen kann. Von welchem Standpunkt aus wir nun die Bewegungen der Welle auch betrachten mögen, stets werden wir konstatieren müssen, daß die Steifigkeit in der jetzt allein zugelassenen Ebene so variiert, daß zwei Schwankungsperioden auf einen vollen Umlauf der Welle kommen. Bei der Berechnung dieses Falles bleibt nun dem Theoretiker eine vertiefte und damit erheblich schwierigere Analyse nicht erspart; ihre Ergebnisse sind weit vielschichtiger, als es in den Bildern 94 und 95 zum Ausdruck kommt.

6.6 Abschließende Bemerkungen

Schwingungen in Systemen mit veränderlichen Kennwerten sind ein weitgespanntes und schwieriges Gebiet. Bei unserer Übersicht haben wir hier nur Schwinger betrachtet, bei denen entweder ausschlagabhängige Steifigkeiten oder ausschlagabhängige Dämpfungen oder zeitabhängige Steifigkeiten vorhanden sind. Damit ist aber nur die Oberfläche des allgemeinen Problems angekratzt; bei genauerem Hinsehen lassen sich hier noch zahlreiche andere, zum Teil merkwürdige und unerwartete Effekte entdecken. Bei mechanischen Schwingern sind meist nur die Kennwerte für Steifigkeit und Dämpfung veränderlich. Aber einige, zum Beispiel bei Kolbenmaschinen auftretende Probleme können auf veränderliche Kennwerte für die Massen zurückgeführt werden.

Die Kompliziertheit solcher Effekte hat letztlich zur Folge, daß jedes auftretende Problem gesondert behandelt werden muß. Leider läßt sich für diese Schwingungen keine durchsichtige Systematik aufstellen, mit der man sie ordnen und klassifizieren kann. Allerdings lassen sich bei mechanischen Schwingungen einige allgemeine Feststellungen treffen. Ein System mit konstanten Kennwerten reagiert auf eine harmonische Erregung mit einer ebenfalls harmonischen Antwort. Das gilt bei veränderlichen Kennwerten im allgemeinen nicht mehr; hier können die Antworten auch Schwingungsanteile mit Frequenzen enthalten, die ein Vielfaches oder ein Bruchteil der Erregerfrequenz sind. Auch ist es möglich, daß eine dieser Teilschwingungen zur Resonanz kommt und dann in gefährlicher Weise verstärkt wird. Weiterhin können die Antwort-Schwingungen bei sinusförmiger Erregung von dem Schwingungszustand abhängen, in dem sich das System bei Einsetzen der Erregung gerade befand. Ferner gibt es erzwungene Schwingungen, die bereichsweise instabil werden können; dies bedeutet aber, daß solche Schwingungen in der Praxis gar nicht auftreten. Man erkennt daraus, daß die Bedeutung des Begriffes „instabil" sehr sorgfältig definiert werden muß. Auch instabile selbsterregte Schwingungen können letztlich zu Bewegungen mit endlichen Amplituden führen. Derartige, praktisch stabile, stationäre Bewegungen können entweder sinusförmig verlaufen oder aber auch stark davon abweichen.

In der technischen Praxis darf man im allgemeinen vereinfachen und die vorkommenden Kennwerte als konstant betrachten. Aber im Grunde wird hier aus der Not eine Tugend gemacht. Beim Boden-Schwingungstest eines Flugzeugs, bei dem Bewegungen an vielen verschiedenen Stellen gemessen werden, erhält man fast immer Ergebnisse, die nicht genau mit den theoretisch unter der Annahme konstanter Kennwerte gewonnenen übereinstimmen. Würde man jedoch bei den Berechnungen Steifigkeiten und Dämpfungen als veränderliche Größen einführen, dann ließen sich die dann auftretenden numerischen Schwierigkeiten kaum noch bewältigen.

Dennoch darf der Ingenieur nicht vergessen, daß eine Veränderung von Kennwerten für manche Probleme von entscheidender Bedeutung ist. Es hätte zum Beispiel keinen Sinn, etwa die Hemmung einer Uhr mit Hilfe einer Theorie erklären zu wollen, bei der konstante Kennwerte vorausgesetzt werden.

In diesem Buch ist davon gesprochen worden, wie Ingenieure die bei mechanischen Schwingungen auftretenden Probleme anpacken. Für sie sind Schwingungen etwas, das sorgfältig analysiert werden muß. Vernachlässigt oder verdrängt man Schwingungsprobleme, dann geschieht es auf eigenes Risiko – manchmal auch auf das eines anderen.

Sollte einmal ein Ingenieur bei der Bewältigung der von ihm geschaffenen Konstruktionen und Maschinen Kummer haben, dann möge er sich einiger natürlicher Schwinger erinnern und darüber nachdenken, wie wundervoll und kompliziert zugleich sie sein können: noch ist es keinem Ingenieur gelungen, einen so phantastischen Schwinger wie das menschliche Herz zu schaffen. Da es im menschlichen Körper keine rotierenden Teile gibt, muß jede Vorrichtung, die als Pumpe dienen soll, auf der Grundlage einer Hin- und Her-Bewegung funktionieren. Das Herz arbeitet ein Leben lang und sorgt durch seine Arbeit – zumindest zum Teil – auch dafür, daß die beim Dauerbetrieb notwendige Wartung geleistet wird. Im Grunde ist es auch nicht dasselbe Herz, das da jahrein jahraus und ohne Pause schlägt; gerade wegen der nun einmal notwendigen Wartung vollzieht sich ein langsamer Prozeß der Veränderung dieses schwingenden Systems.

Es ist völlig klar, daß jeder physikalische Vorgang um so verwickelter erscheint, je genauer man ihn untersucht. Die Kunst des Ingenieurs besteht – zumindest teilweise – darin, zu erkennen, wann er mit dem stets vertiefenden Beobachten aufhören muß, um dann in der Sache voranzukommen.

Sachverzeichnis

Abschirmung von
  Schwingungen 155, 156
Amplitude 23
Amplituden-Frequenz-Kurven 158
Auswuchten 37–39
  – eines Turborotors 78
biologische Wirkungen 30, 31
Bugrad-Flattern 117
Dämpferarten 55, 56
Dampfungskopplung 64
Dauerfestigkeit 33
Dopplereffekt 143
Druckverlauf in der Lunge 25
effektive Masse 61
Eigenformen 44, 50–53
Eigenfrequenz 44–49
Eigenfrequenzabstände 49
Eigenschwingung 44
elektrische Klingel 26
Elektrokardiogramm 22
Erdbeben 94
ergodische Erregung 91
Ermüdungsbruch 17, 18, 32, 35, 36, 142
Ermüdungsgrenze 33, 34
Erreger-Ensemble 91
erzwungene Wellen 140
evolutionäre Erregungen 91

Festreibung 164–166
Flatterschwingungen 105–112
Flatterverhütung 109, 110
Flügelflattern 107–111
Flugzeug-Eigenformen 51
freie Schwingungen 40 ff.
  – Wellen 138–140
fremderregte Schwingungen 65–100
Frequenz 22, 23

Gleitlager-Erregungen 165
Grenzzyklus 166
große Amplituden 158

harmonische Analyse 24, 25
Haupt-Eigenformen 58
Herzschlag 174
Höhenruderflattern 111

Impulsantwort 155
Impulserregung 135
innere Dämpfung 118, 119
Instabilität bei Rotoren 171

Kavitation 146, 147
Kippschwingungen 167
Klangfarbe 45
Klaviersaite 50
Kreiselpendel 62
kritische Drehzahlen 77
Kurvenfahrt 134

Lanchester-Dämpfer 72
Laufrollenflattern 116, 117

Magnetostriktion 145
Matrizentheorie 163
mitschwingende Wassermasse 96
Mittelwerte 88, 89
mittlere quadratische
  Spektraldichte 89

Nagasaki 131, 132
nichtkonservative Systeme 95, 162

Ölfilmerregung 126
Öltransportschlauch 12, 13
Orthogonalität der Eigenformen 58

Pelton-Turbine 67, 83
Periode 23
periodische Erregungen 84–87
Phasenverschiebung 26

Radsatztaumeln 165, 166
Ratterschwingungen 167
Rechteckschwingung 24
Reibungsschwingungen 164, 165
Relaxationsschwingungen 167
Resonanz 65–70
Resonanztest von Flugzeugen 68–70
Rollbewegungen von Schiffen 98, 99
Rotorlagerung 171, 172
Rütteleffekte 15, 16

Schaufelflattern 19, 126
Schaufelsalat 19
Schiffe im Seegang 94, 95, 149
Schiffsbewegungen 96–99

Sachverzeichnis

Schwebung 26
Schwingungen von
- Brücken 71, 132
- Brückentürmen 125, 126
- Flugzeugen 46
- Freileitungen 48, 49
- Getrieben 75
- menschlichen Körpern 9
- Kabeln 82
- Ketten 42–44, 87
- Luftsäulen 61, 67, 91
- Rahmenfachwerken 66
- Rotorwellen 76, 79, 168
- Schiffen 94–100
- Schleppkörpern 123, 124
- Schornsteinen 59, 121–123
- Seilen 136
- Teilsystemen 80–85
- Turborotoren 77–79
- Turm-Bojen 20
Schwingungs|dämpfung 53–59
- empfindlichkeit des Menschen 29
- festigkeit 32–36
- formen 44
- isolatoren 141
- quellen 31
- tilger 80, 81
- zeit 23
Seekrankheit 28, 31
selektive Resonanz 85
selbsterregte Schwingungen 101–129
Sinuskurve 23
Spannungswellen 139
Spoiler 123
Sprungerregung 152, 153
Standarderregungen 155
starke Dämpfung 63
Starrkörperbewegung 36

stationäre Erregung 91
Stockbridge-Dämpfer 82
Stoßbelastung 135
Stoßerregung 154, 155
Straßenkurven 134, 135
Strömungserregung 102, 103

Tacoma-Hängebrücke
  11, 12, 124, 125
Tankerkatastrophe 13, 14
Tonaufnehmer 47
Torkelschwingungen 60
Torsionspendel 56, 57
Torsionsschwingungen 26
Tragflügelverformung 41
trockene Reibung 115, 116

Übergangsschwingungen 131–135
Überlagerung 52, 53
Ultraschall 143–148
- -Anwendungen 147
- -Bohren 146
- -Generatoren 145
- -Ortung 145, 146

veränderliche Kennwerte 157–161
viskose Dämpfung 115

Wackelschwingungen 159
Wagenschaukeln 120
Wellenbewegung 136–138
Wuchtschwingungen 37–39

Zahnradverschleiß 17
zeitveränderliche Steifigkeit 168–172
Zufallsschwingungen 88–94
Zungenfrequenzmesser 73, 74

Teubner Studienbücher

Mechanik

Becker: **Technische Strömungslehre**
Eine Einführung in die Grundlagen und technischen Anwendungen der Strömungsmechanik. 5. Aufl. 160 Seiten. DM 21,80

Becker/Bürger: **Kontinuumsmechanik**
Eine Einführung in die Grundlagen und einfache Anwendungen
228 Seiten. DM 34,– (LAMM)

Becker/Piltz: **Übungen zur Technischen Strömungslehre**
3. Aufl. 136 Seiten. DM 18,80

Böhme: **Strömungsmechanik nicht-newtonscher Fluide**
280 Seiten. DM 34,– (LAMM)

Hahn: **Bruchmechanik**
Einführung in die theoretischen Grundlagen. 221 Seiten. DM 34,– (LAMM)

Magnus: **Schwingungen**
Eine Einführung in die theoretische Behandlung von Schwingungsproblemen. 3. Aufl. 251 Seiten. DM 28,80 (LAMM)

Magnus/Müller: **Grundlagen der Technischen Mechanik**
4. Aufl. 300 Seiten. DM 29,80 (LAMM)

Müller/Magnus: **Übungen zur Technischen Mechanik**
2. Aufl. 292 Seiten. DM 29,80 (LAMM)

Wieghardt: **Theoretische Strömungslehre**
Eine Einführung. 2. Aufl. 237 Seiten. DM 28,80 (LAMM)

Fortsetzung auf der 3. Umschlagseite

Teubner Studienbücher Fortsetzung

Physik/Chemie

Becher/Böhm/Joos: **Eichtheorien der starken und elektroschwachen Wechselwirkung.** DM 36,–
Bourne/Kendall: **Vektoranalysis.** DM 22,80
Daniel: **Beschleuniger.** DM 25,80
Engelke: **Aufbau der Moleküle.** DM 36,–
Großer: **Einführung in die Teilchenoptik.** DM 21,80
Großmann: **Mathematischer Einführungskurs für die Physik.** DM 29,80
Heil/Kitzka: **Grundkurs Theoretische Mechanik.** DM 39,–
Heinloth: **Energie.** DM 36,–
Kamke/Krämer: **Physikalische Grundlagen der Maßeinheiten.** DM 19,80
Kleinknecht: **Detektoren für Teilchenstrahlung.** DM 26,80
Kneubühl: **Repetitorium der Physik.** DM 42,–
Lautz: **Elektromagnetische Felder.** DM 28,–
Lindner: **Drehimpulse in der Quantenmechanik.** DM 26,80
Lohrmann: **Einführung in die Elementarteilchenphysik.** DM 24,80
Lohrmann: **Hochenergiephysik.** DM 29,80
Mayer-Kuckuk: **Atomphysik.** DM 29,80
Mayer-Kuckuk: **Kernphysik.** DM 32,–
Neuert: **Atomare Stoßprozesse.** DM 26,80
Primas/Müller-Herold: **Elementare Quantenchemie.** DM 39,–
Raeder u. a.: **Kontrollierte Kernfusion.** DM 36,–
Rohe: **Elektronik für Physiker.** DM 25,80
Walcher: **Praktikum der Physik.** DM 29,80
Wegener: **Physik für Hochschulanfänger**
Teil 1: DM 23,80
Teil 2: DM 23,80
Wiesemann: **Einführung in die Gaselektronik.** DM 28,–

Preisänderungen vorbehalten

MIX
Papier aus verantwortungsvollen Quellen
Paper from responsible sources
FSC® C105338

If you have any concerns about our products,
you can contact us on
ProductSafety@springernature.com

In case Publisher is established outside the EU,
the EU authorized representative is:
**Springer Nature Customer Service Center GmbH
Europaplatz 3, 69115 Heidelberg, Germany**

Printed by Libri Plureos GmbH
in Hamburg, Germany